SEWING HARUE 11
진짜 쉬운
머신소잉의 기초

Prologue

처음 재봉틀을 시작했을 때, 재봉틀에 실을 끼우는 방법도, 재봉틀을 작동하는 방법도 모두 생소하고 어렵기만 했습니다. 막막해 하고 있던 저에게 다가와 천천히 하나씩 알려주시던 선생님의 따뜻한 목소리는 몇 년이 지난 지금까지도 머릿속에 남아있습니다. 지금 머신소잉을 처음 시작하려는 여러분에게 누구보다 친절하고 따뜻한 선생님이 되길 바라는 마음을 가득 담아 이 책을 만들었습니다. 선생님의 목소리처럼 오래오래 기억에 남는 그런 따뜻한 책으로 보는 이의 마음속에 기억되기를 바랍니다.

Contents

Index

theme 3
머신소잉의 실전 - 중급

레이스 태슬 에코백
54p / 96p
Pattern X [17]

멜빵 블루머
56p / 97p
Pattern B [18]

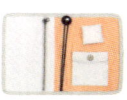

소잉 파우치
58p / 98p
Pattern A [19]

고무줄 치마바지
60p / 99p
Pattern B [20]

여행용 파우치
62p / 100p
Pattern X [21]

아이 낮잠 세트-베개
64p / 101p
Pattern X [22]

아이 낮잠 세트-이불,요매트
64p / 101p
Pattern X [23]

theme 4
머신소잉의 실전 - 스페셜

커플 앞치마
68p / 102p
Pattern B [24~25]

패밀리룩 - 남성
70p / 103p
Pattern A [26]

패밀리룩 - 남아
70p / 104p
Pattern A [27]

패밀리룩 - 여성
70p / 105p
Pattern B [28]

패밀리룩 - 여아
70p / 106p
Pattern A [29]

작품 이미지

작품명
화보p / 제작설명p
실물패턴 [작품번호]

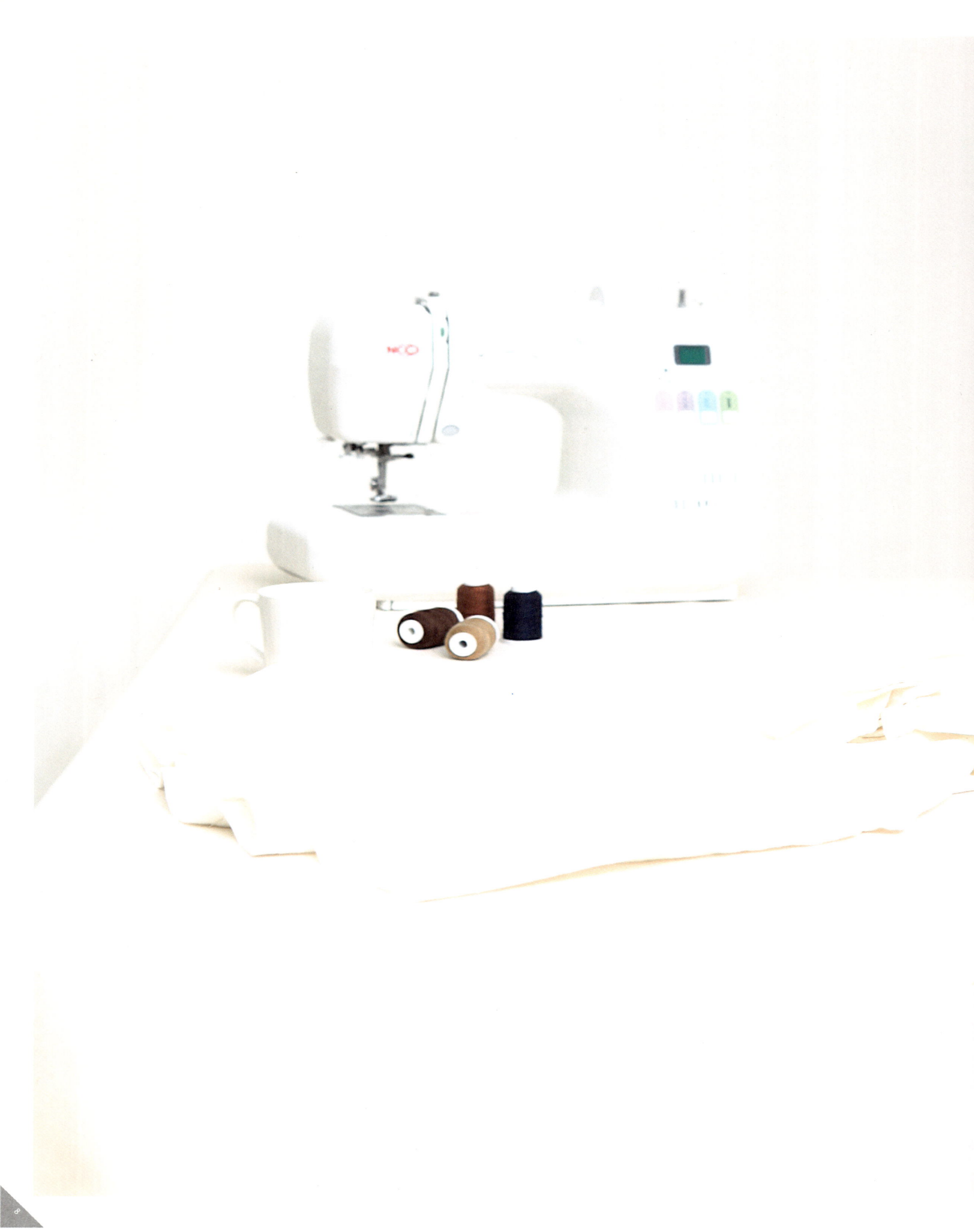

재봉틀

기초 사용법

머신소잉을 처음 접하는 초보 소어들을 위해 재봉틀
의 기초 사용 방법을 설명합니다. 재봉틀에 바늘 끼우
는 방법부터 봉제하는 방법까지 차근차근 친절하게 설
명하고 있으니 너무 어렵게 생각하지 말고 천천히 따
라해 보세요. 사용하지 않는 자투리 천을 이용해 여러
번 반복하여 연습하다 보면 멋진 작품도 금방 만들 수
있을 거예요.

도구에 대하여

제도용품

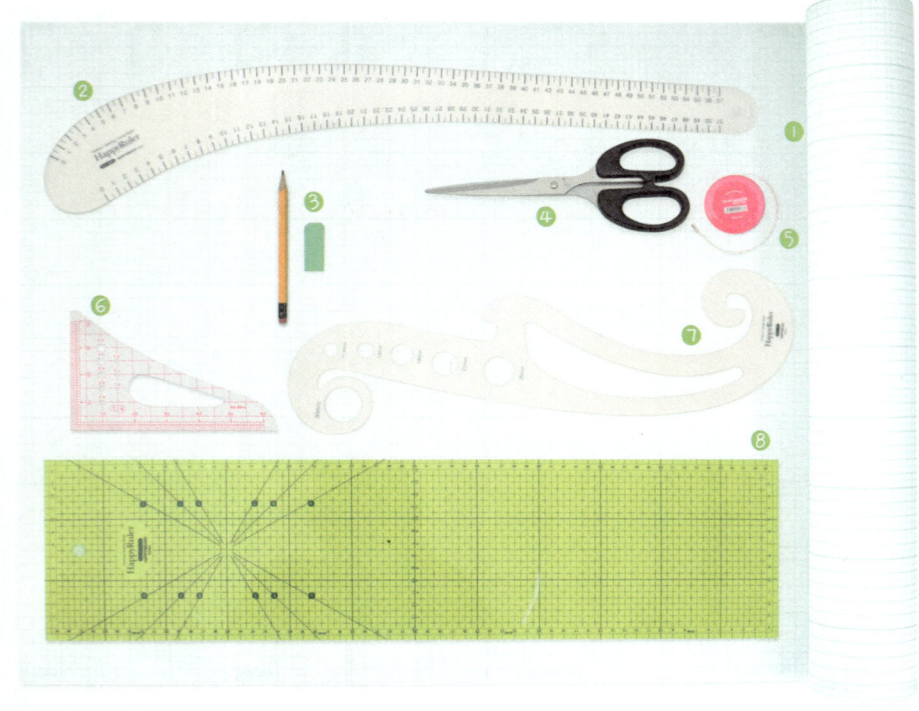

① **패턴지** 모눈 처리가 되어있어 작업이 용이하고, 잘 비쳐 보여 패턴을 복사하기 쉬운 부직포 패턴지를 사용하면 좋습니다.

② **곡자** 한쪽 끝이 곡을 이루고 있는 자로 스커트 옆선, 소매 옆선, 절개선, 다트 곡선 등을 그리는데 주로 사용합니다.

③ **연필 & 지우개** 패턴지에 패턴을 그릴 때 사용합니다.

④ **종이가위** 패턴(종이나 부직포)을 자를 때 사용하는 가위로, 재단가위로 종이를 오리면 가위의 날이 상할 수 있으므로 가위는 반드시 패턴 재단용과 원단 재단용을 구분하여 사용합니다.

⑤ **줄자** 신체치수를 측정하거나 곡선의 치수를 잴 때 사용합니다.

⑥ **축도자** 실 사이즈의 패턴을 1/4 또는 1/5로 축도하여 자료를 남기고자 할 때 사용합니다.

⑦ **S자** S모양의 자로 소매산, 진동둘레 등 거의 모든 기본 곡선을 그릴 수 있으며, 사이즈별 원 모양이 있어 단추표시를 하기 좋습니다.

⑧ **직각자** 정확한 직각이 제도작업을 원활하게 합니다. 넓은 폭이 작업물의 뒤틀림 현상을 없애주어 원단 컷팅 작업에도 사용됩니다.

재단용품

① **커팅매트** 재단칼로 원단을 재단할 때 함께 사용하면 재단칼의 날이 손상되지 않고, 원단이 깔끔하게 재단됩니다.

② **초크** 원단에 마름선을 표시하거나 수정할 때 사용합니다. 고체형, 샤프형, 펜형이 있으니 용도에 맞게 골라 사용하세요.

③ **핀쿠션** 자주 사용하는 시침핀, 바늘 등을 적당량 꽂아두고 필요할 때 바로 사용하세요.

④ **문진** 원단과 패턴이 서로 뒤틀리지 않도록 묵직하게 고정해주는 누름쇠입니다.

⑤ **시침핀 & 집게** 시침핀은 옷감을 고정하거나 입체 재단 시 사용합니다. 구슬핀, 실크핀 등 용도에 따라서 사용하세요. 핀 작업이 어려운 니트 원단에는 집게를 사용하면 좋습니다.

⑥ **초크페이퍼** 패턴을 원단에 마름질할 때 초크 대신 사용할 수 있는 상품으로, 페이퍼를 원단 아래 놓고 위에서 룰렛으로 굴려주면 원단에 완성선이 표시됩니다.

⑦ **룰렛** 톱니를 굴려 원단에 마킹합니다. 초크페이퍼와 함께 사용하세요. 톱니형과 원반형으로 두 가지 타입이 있습니다. 원반형은 헤라로도 사용 가능합니다.

⑧ **재단칼** 재단가위 대신 원단을 재단할 때 사용하며, 여러 겹의 원단을 한 번에 컷팅할 수 있어 편리합니다. 컷팅매트와 함께 사용하세요.

⑨ **재단가위** 원단 재단에 사용하는 전용가위로 자신의 손에 맞는 크기의 가위를 사용하는 것이 좋습니다. 왼손용, 오른손용으로 두 가지 타입이 있습니다.

봉제용품

1. **뒤집게 & 끼우개** 원단으로 리본 등을 만들 때 좁은 폭의 원단을 쉽게 뒤집을 수 있고, 작품에 고무줄이나 끈을 끼워 넣을 때 편리하게 작업할 수 있습니다.

2. **손바늘** 작품의 마무리 또는 장식 작업 시 자주 사용되므로 사이즈별로 준비해두세요.

3. **직물전용 본드풀 & 매직테이프** 시침핀을 꽂기 힘든 곳, 지퍼 및 시접 등 임시고정이 필요한 부분에 사용하면 원단의 밀림 없이 봉제를 편하게 할 수 있습니다. 수용성 재질로 세탁 후 완전히 제거됩니다.

4. **손바느질용 봉제실** 기본적으로 가장 많이 사용되는 색상은 휴대가 편리한 소형 사이즈로 준비해두고 간편하게 사용하세요.

5. **골무** 손바느질을 할 때 손가락 끝을 보호해주어 작업의 능률을 높입니다. 가죽, 금속, 고무 등 다양한 재질이 있으니 용도에 맞게 골라 사용하세요.

6. **쪽가위** 작업 중 가장 많이 사용되는 가위로, 깔끔한 마무리 작업을 위해 꼭 필요합니다.

7. **실뜯게** 봉제가 잘못되어 바늘땀을 뜯어야 할 때나, 단춧구멍을 자를 때 유용하게 사용됩니다.

8. **아이론시접자** 정확한 치수체크와 함께 다림질로 손쉽게 시접부분을 만들 수 있도록 도와주는 열에 강한 시접자입니다.

재봉틀용품

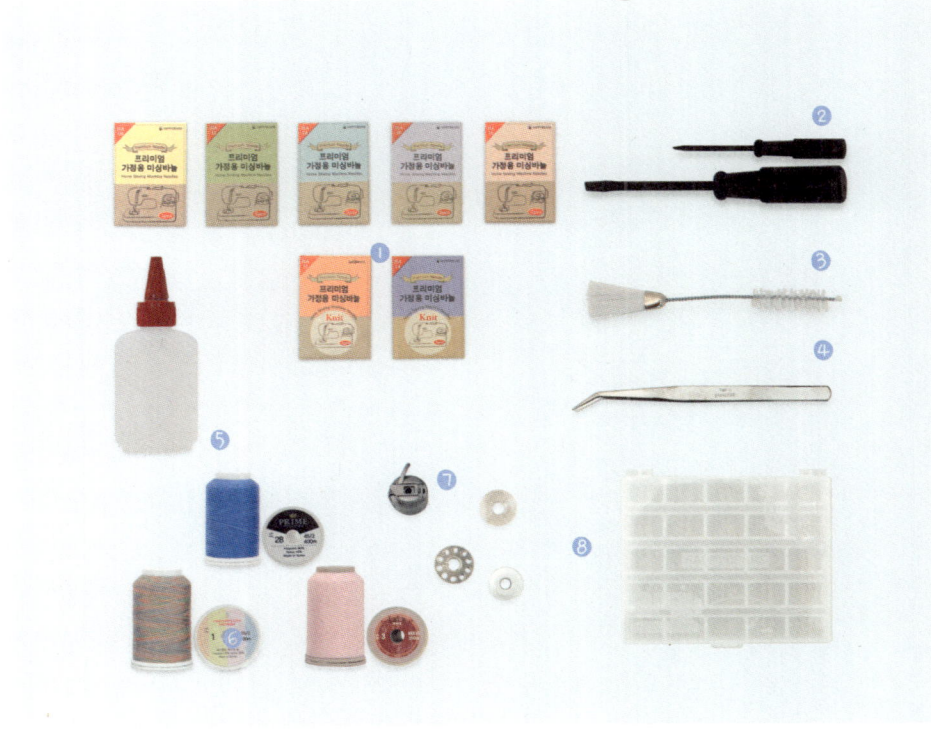

1. **미싱바늘** 공업용과 가정용을 잘 구분하여 사용해야 합니다. 원단의 소재와 두께에 따라 9/11/14/16/18호의 바늘을 맞춰 사용하세요. 니트원단에는 니트용 바늘을 사용하세요.

2. **드라이버** 노루발과 미싱바늘을 교체할 때 사용합니다.

3. **크리닝브러시** 봉제 후 미싱에 쌓인 먼지를 청소할 때 사용하는 미싱 청소용 브러시입니다.

4. **핀셋** 일반 미싱이나 오버록에 실을 끼울 때나, 미싱의 세밀한 곳을 작업할 때 사용합니다.

5. **미싱기름** 미싱의 소음이나 마찰을 완화시켜줍니다.

6. **미싱용 봉제실** 원단의 소재와 두께 및 사용할 용도에 맞게 사용합니다.

7. **북집** 공업용과 가정용을 잘 구분하여 사용해야 합니다. 북집이 필요 없는 미싱 기종도 있으니 확인 후 사용하세요.

8. **북알(보빈) & 북알케이스** 북알은 공업용과 가정용을 잘 구분하여 사용해야 하며, 밑실은 윗실 컬러에 맞춰 바로 사용할 수 있도록 다양하게 감아서 준비해두면 좋습니다. 북알케이스에 보관하면 편리합니다.

미싱의 종류

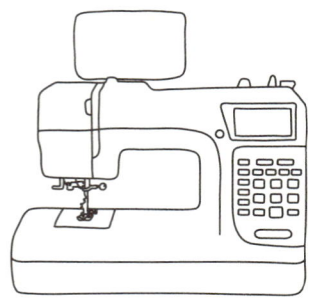

가정용 컴퓨터 미싱

미싱 본체 내부에 컴퓨터 시스템이 장착되어 있어 패턴을 선택하면 봉합 땀 길이와 땀 폭이 패턴에 맞게 자동으로 설정됩니다. 패턴의 조합 및 편집 기능이 있어 다양한 패턴을 취향에 맞게 조합하고 저장할 수 있습니다.

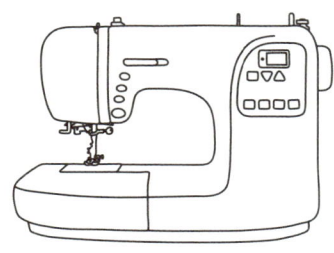

가정용 디지털 미싱

미싱의 메인 보드가 디지털화되어 있어 속도와 봉합 땀 길이는 물론 미세한 땀 폭까지 자유롭게 조절이 가능합니다. 또한 바늘 상하 위치 조절이나 자동 무늬 완성 버튼 등이 있어 보다 편리하고, 빠른 작업을 요하는 작품 제작에 탁월한 성능을 발휘합니다.

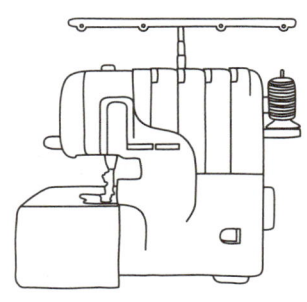

오 버 록 미 싱

단 처리 전용 미싱으로 1~2개의 바늘에 2~4줄의 실을 사용합니다. 봉합과 동시에 여분의 시접을 자동으로 잘라내면서 오버록 봉합을 해주어 일반 가정용 미싱보다 깔끔하고 튼튼한 끝단 처리가 가능합니다.

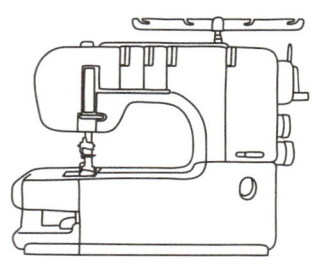

커 버 스 티 치 미 싱

1~3가지 색상의 실을 활용하여 면 티셔츠나 기타 의상, 소품 등에 장식 효과를 주기 위하여 사용합니다. 2~3색의 커버스티치 효과와 더불어 체인스티치 장식이 가능하며, 옵션 노루발을 함께 사용하면 작업시간을 줄일 수 있습니다.

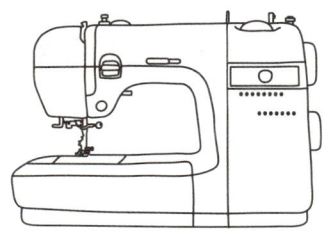

가 정 용 전 자 미 싱

전동 미싱에 비해 편리함과 내구성을 보완한 제품으로 초보자들을 위해 편리하게 설계되었습니다. 사용방법이 편리하여 누구나 쉽게 사용이 가능합니다. 봉합을 시작하고 정지할 때 발판과 버튼 모두 사용이 가능하여 기호에 맞게 선택하여 사용할 수 있습니다.

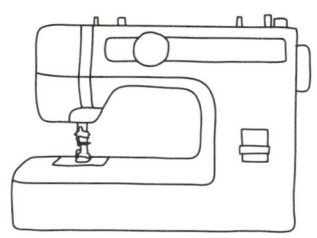

가 정 용 전 동 미 싱

미싱 본체에 내장되어 있는 모터가 바늘을 상하로 작동시키고, 모터의 속도는 전압에 의해 조절됩니다. 발판을 누르는 압력으로 속도를 조절하는 타입이 많습니다. 간단하고 쉬운 작업에 주로 사용되는 저가형 기본 미싱입니다.

미싱 각 부분의 명칭

※ [NCC 매직]으로 설명하고 있습니다. 기종에 따라 부속품 및 명칭이 상이하므로 각 미싱의 사용 설명서를 참고하세요.

1 LED 버튼식 패턴무늬 선택

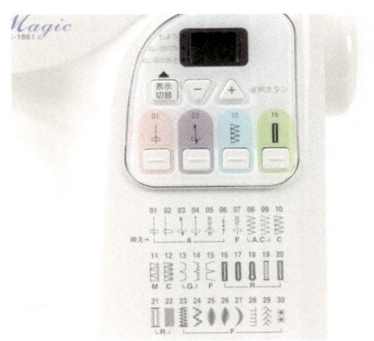

패턴 및 땀폭. 땀의 간격을 조절하는 버튼과 LED창입니다. 재봉틀의 기종마다 패턴이나 바느질의 설정 방법이 다르기 때문에 각 미싱의 사용 설명서를 참고하여 설정 방법을 익힙니다.

2 슬라이드식 속도 조절 레버

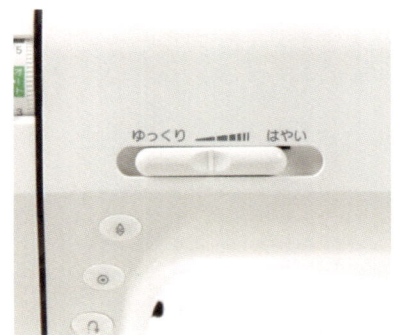

슬라이드를 좌우로 움직여 속도를 조절합니다. 오른쪽으로 밀면 빨라지고, 왼쪽으로 밀면 느려집니다.

3 ① 바늘 상하 위치 조절 버튼
   ② 자동 무늬 완성 버튼
   ③ 후진 봉합 버튼

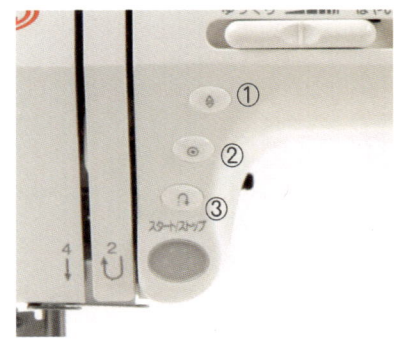

①바늘 상하 위치 조절 버튼은 바늘을 위, 아래로 움직일 때 사용합니다.
②작업하던 패턴을 자동으로 마무리해주는 버튼입니다. 또한 직선박기 봉제 시 버튼을 누르면 마무리 부분의 실을 자동으로 보강하여 실이 풀리지 않도록 튼튼하게 고정시켜 줍니다.
③후진 봉합 버튼은 바느질의 진행 방향을 반대로 바꿔줍니다. 되돌아박기할 때 사용합니다.

4 시작 / 정지버튼

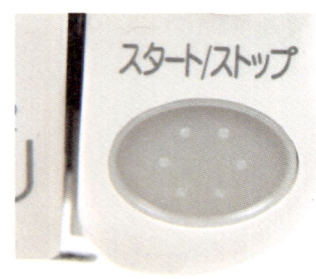

발판을 사용하는 대신 이 버튼을 사용하여 재봉틀을 시작하거나 멈출 수 있습니다.

5 노루발 압력 조절 장치

노루발의 압력을 조절하는 장치입니다. 아래쪽으로 내리면 압력이 세지고, 위쪽으로 올리면 압력이 약해집니다.

6 장력 조절 다이얼

윗실과 아랫실의 장력이 맞지 않을 때, 장력을 조절할 수 있는 다이얼입니다. 보통은 오토로 사용하며 윗실의 장력이 셀 때는 숫자를 낮은 쪽으로, 윗실의 장력이 약할 때는 숫자를 큰 쪽으로 돌려줍니다.

7 실채기 안전장치

실채기 안전장치는 윗실을 한 번 더 잡아주어 실이 빠지지 않고 팽팽하도록 고정시켜줍니다.

8 패턴 무늬 미세조절 나사

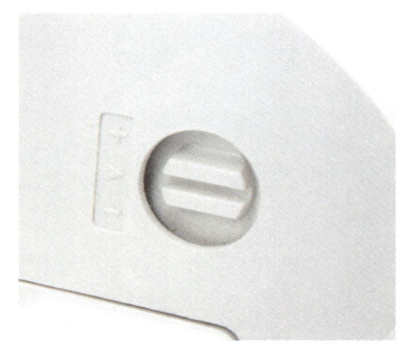

패턴의 무늬가 일그러지거나 울 경우 패턴 무늬 미세조절 나사를 조절합니다.

9 가마 소음 방진 패드

많은 소어들이 불편함을 겪는 미싱의 소음. 재봉틀의 소음을 줄여주는 소음 방진 패드입니다. 조용한 미싱에 앉아 차분하게 봉제를 시작해보세요.

1 바늘 조임 나사

바늘을 미싱에 고정할 때 사용합니다. 바늘을 교체할 때는 나사를 풀러 바늘을 교체합니다

2 실걸이 가이드

윗실을 순서에 맞게 끼운 다음, 바늘에 실을 끼우기 전에 실걸이 가이드에 통과시킵니다.

3 자동 실 끼우기 장치

잘 보이지 않는 바늘구멍에 실을 간편하게 끼울 수 있게 도와줍니다.

4 노루발

원단을 미싱에 고정시켜주는 역할을 합니다. 봉합 종류에 따라 그에 맞는 전용 노루발을 사용합니다.

5 수평 가마

북알 장착이 수월한 수평형 가마로 밑실을 감아둔 북알을 장착합니다.

가 마 의 종 류

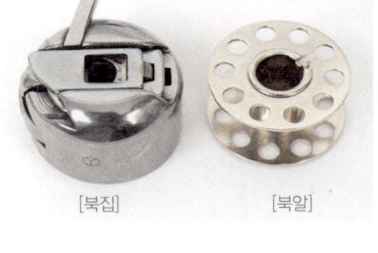

[북집]   [북알]

수 평 가 마

최근 가정용 미싱에서 주로 사용되는 수평 가마. 밑실을 쉽게 넣을 수 있고 밑실의 양을 바로 눈으로 확인할 수 있어 편리합니다. 또한 실 엉킴이 적다는 장점이 있습니다.

수 직 가 마

힘을 필요로 하는 공업용 미싱에서 주로 사용되는 수직 가마. 밑실이 감긴 북알을 북집에 넣고 다시 가마에 넣는 구조입니다. 북집이 꼭 있어야 한다는 번거로움이 있습니다.

◢ 기초 작동법

바늘 끼우기

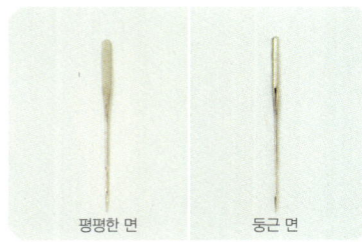

① 미싱용 바늘을 준비한다.

평평한 면   둥근 면

② 바늘의 평평한 면이 작업자 쪽을 향하게 한다.

③ 바늘이 더 이상 들어가지 않고 멈추는 위치까지 바늘을 끼워 넣고, 바늘 조임 나사를 단단히 조인다.

밑실 감기

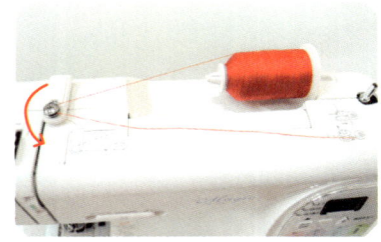

① 실패꽂이에 실패를 장착하고 재봉틀에 표시된 순서대로 실을 걸어준다.

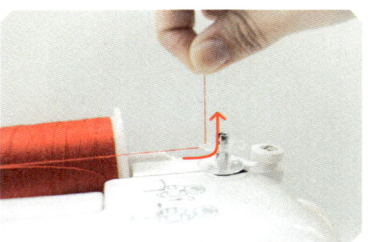

② 실을 북알의 구멍 안쪽에서 바깥쪽으로 뺀 후 자동 밑실 감기 장치에 북알을 장착한다.

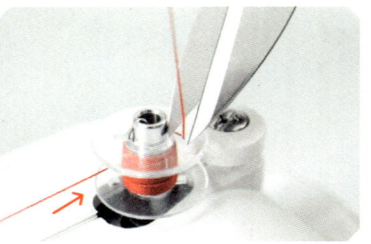

③ 자동 밑실감기 장치를 오른쪽으로 민 후 손으로 실의 끝부분을 잡고 실을 조금 감은 후, 잡고 있던 실을 자른다.

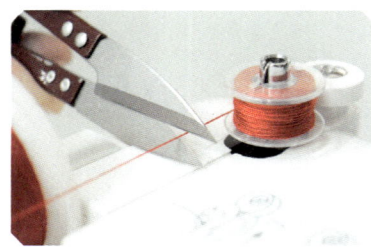

④ 밑실을 80% 정도 감은 후 실을 자른다 (너무 많이 감으면 봉제 시 밑실이 엉킬 수 있다).

윗실 장착하기

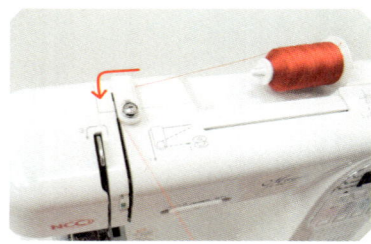

① 실패꽂이에 실패를 장착하고 재봉틀에 표시된 순서대로 1번에 실을 건다.

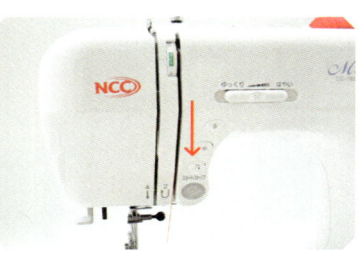

② 1번에 건 실을 2번 쪽으로 내린다.

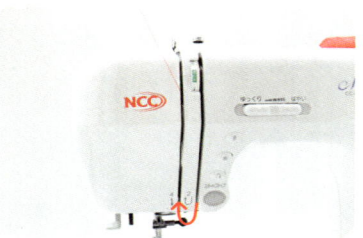

③ 재봉틀에 표시된 방향을 따라 실을 걸어 올린다.

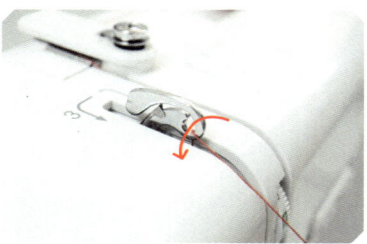

④ 사진과 같이 실을 오른쪽에서 왼쪽방향으로 실채기 레버에 실을 건다.

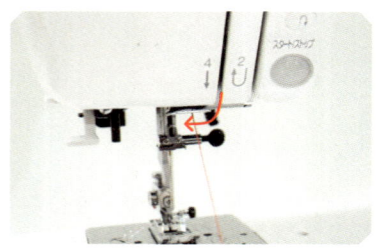

⑤ 실을 내려 4번 바로 밑의 실걸이 가이드에 실을 건다.

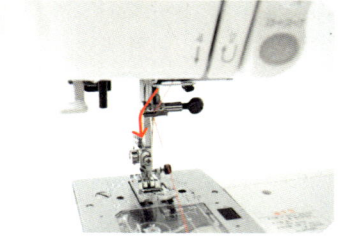

⑥ 바늘 위쪽의 실걸이 가이드에 실을 건다.

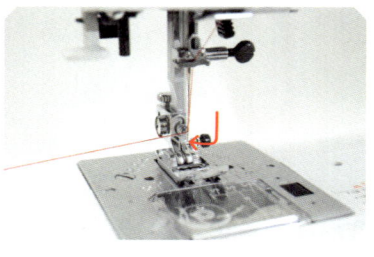

⑦ 실을 바늘구멍의 앞에서 뒤로 통과시킨다.

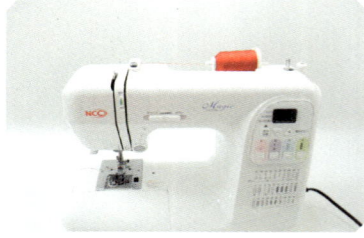

⑧ 윗실 장착 완료.

밑실 장착하기

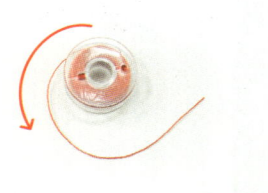

①실이 감긴 방향이 시계 반대 방향이 되도록 놓는다.

②북알을 가마에 넣는다.

③미싱에 표시된 화살표를 따라 실을 좌측 홈(돌출부)에 끼운다.

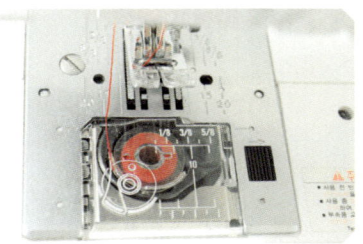

④실을 여유분이 있도록 당긴 후 투명판을 닫는다.

⑤노루발을 올린 후 윗실을 잡은 채로 바늘 상하 위치 조절 버튼을 누르거나 풀리를 천천히 몸쪽으로 돌려 바늘이 침판에 꽂히게 한다.

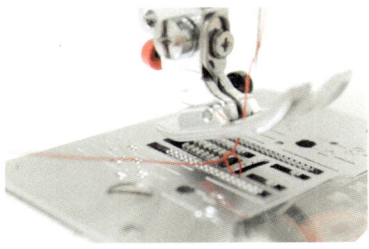

⑥다시 바늘 상하 위치 조절 버튼을 누르거나 풀리를 천천히 돌려 바늘이 밑실과 함께 침판 밖으로 나오도록 한다.

⑦밑실을 꺼내면 밑실 장착 완료.

노루발 바꾸기

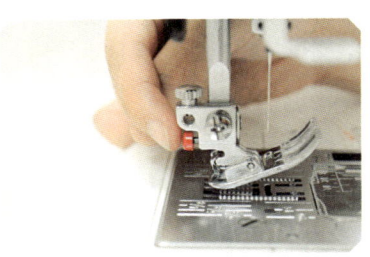

①노루발을 올린 후 노루발 변경 버튼 (뒤쪽의 빨간 버튼)을 누른다.

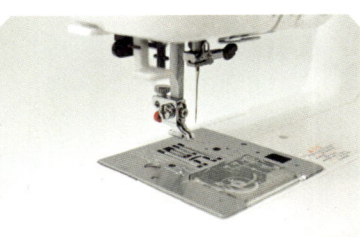

②노루발이 분리 된 모습.

③사용하고자 하는 노루발을 노루발 홈에 맞추고 노루발을 내린다.

④노루발이 딸깍 소리를 내며 장착된다.

장력 조절

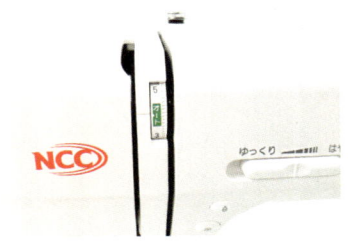

실 장력 조절 다이얼
올바른 봉제를 위해 원단의 두께와 종류에 따라 실의 장력을 조절한다(레버의 숫자가 클수록 장력이 세진다).

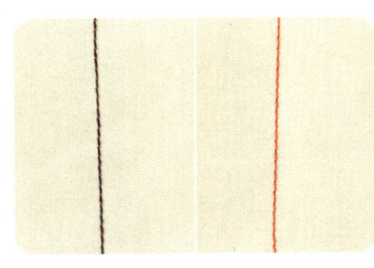

윗실＜밑실
윗실의 장력이 약해 윗실이 떠있는 상태. 뒷면에서 보면 밑실(검정실)이 직선으로 보이며, 윗실(빨간실)이 점으로 보인다.

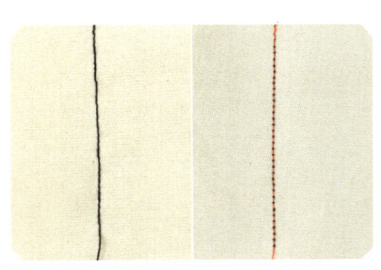

윗실＞밑실
윗실의 장력이 강해 밑실이 떠있는 상태. 앞면에서 보면 윗실(빨간실)이 직선으로 보이며, 밑실(검정실)은 점으로 보인다.

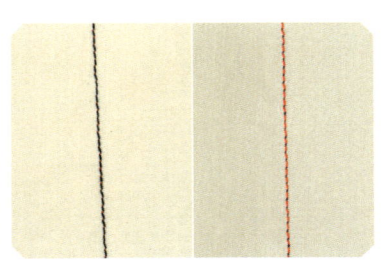

윗실＝밑실
원단의 중앙에 실이 매듭지어져 있어 앞면, 뒷면 어느 쪽에서 봐도 봉합땀의 모양이 균일하게 보인다.

기초 봉제법

직선봉합

①전원을 켠다

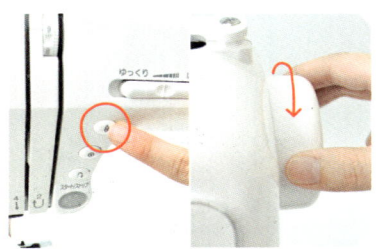

②노루발을 올리고 봉합할 위치에 바늘을 맞춘 후 바늘 상하 위치 조절 버튼 또는 풀리를 돌려 원단에 바늘을 꽂는다

바늘이 꽂힌 모습

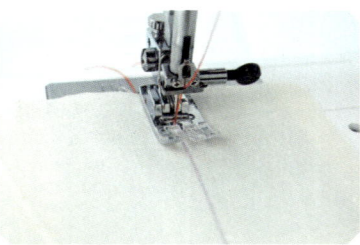

③노루발을 내린다

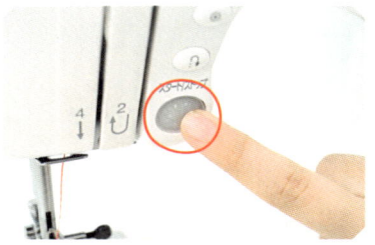

④시작/정지 버튼을 눌러 봉합을 시작한다

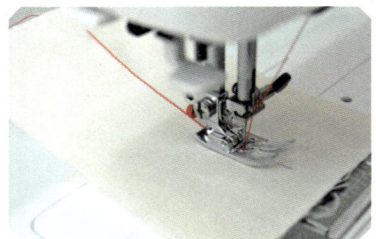

⑤봉합하면서 원단을 너무 잡아당기거나 밀지 않는다

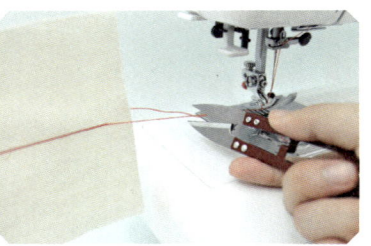

⑥봉합이 끝나면 바늘과 노루발을 올리고 원단을 잡아 뺀 후 실을 자른다

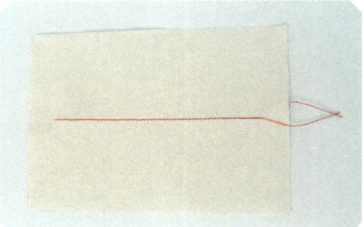

⑦직선봉합 완성

되돌아박기

①봉합의 시작과 끝을 튼튼하게 하는 방법으로, 봉합 시작과 끝에 후진 봉합 버튼을 눌러 바늘땀을 겹쳐 봉합한다

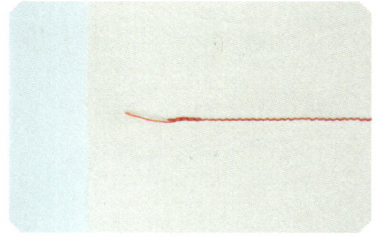

②시작과 끝부분을 4~5땀 정도 보강하여 원단과 원단을 더욱 튼튼하게 잡아주고, 봉합 시 엮인 실 매듭이 풀리는 것을 방지한다

곡선봉합

①바늘을 봉합선에 맞추고 바늘 상하 위치 조절 버튼이나 풀리를 돌려 바늘을 꽂고 노루발을 내린다

②시작/정지 버튼을 누르고 손으로 가볍게 원단을 잡아 조금씩 돌려가며 천천히 봉합한다

③곡선이 심한 부분은 봉합을 멈추고, 바늘이 원단에 꽂힌 상태에서 노루발을 살짝 올려 봉합선이 정면을 향하도록 봉합 방향을 수정한 후 다시 봉합한다

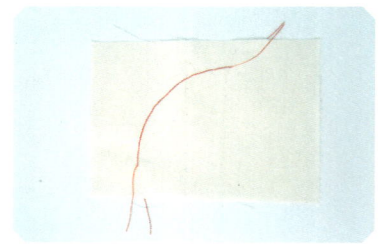

④곡선봉합 완성

모 서 리 봉 합

①바늘을 봉합할 선에 맞추고 바늘 상하 위치 조절 버튼이나 풀리를 돌려 바늘을 꽂고 노루발을 내린 후 봉제를 시작한다

②모서리 부분에서 바늘을 꽂은 상태로 봉제를 멈춘다

③노루발을 올린다.

④봉합선이 정면을 향하도록 봉합 방향 을 수정한 후 노루발을 내린다

⑤다시 봉합을 시작한다

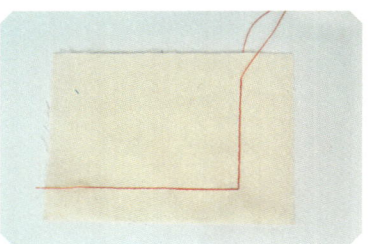

⑥모서리봉합 완성

다 트 봉 합

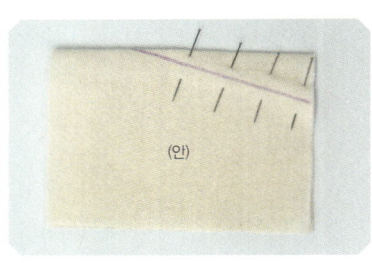

①다트가 생기는 부분을 겉끼리 맞닿게 반으로 접어 핀으로 고정시킨다

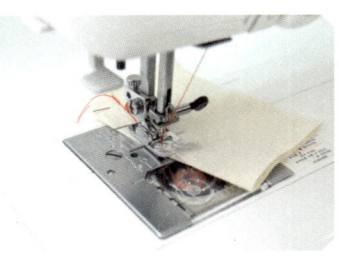

②선과 원단의 간격이 넓은 부분부터 좁 은 부분 쪽으로 봉합한다

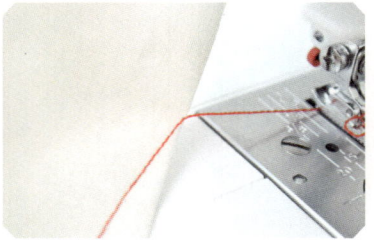

③다트 끝까지 봉합한 후 실을 길게 빼 준다

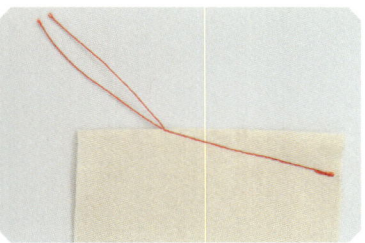

④실을 자른 후 꼬인 실을 풀어준다.

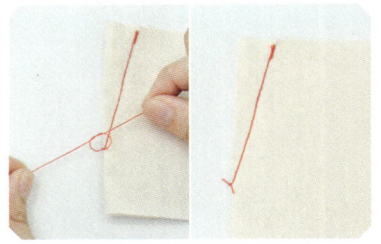

⑤실 끝을 매듭짓고, 실을 잘라 정리한다

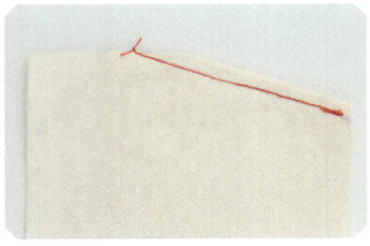

⑥다트의 시접을 자른다

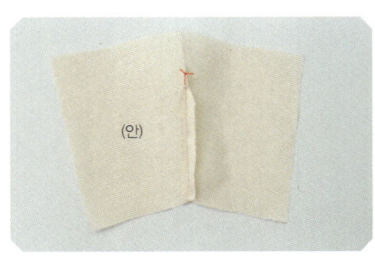

⑦시접을 가름솔한다

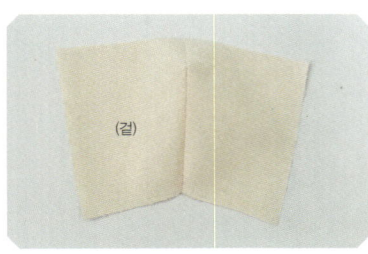

⑧다트봉합 완성

턱 잡 기

①원단에 원하는 너비의 턱을 그려준다

②턱의 끝선과 끝선을 맞춰 핀으로 고정한다

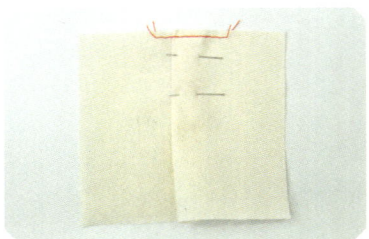

③봉합 땀수를 크게 하여 끝부분을 임시 고정한 후 핀을 빼준다

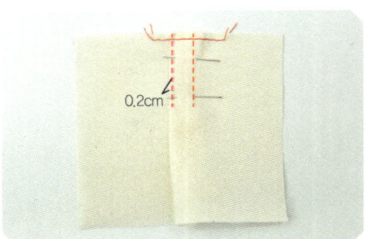

④턱의 양 옆을 0.2cm폭으로 상침한다.

주 름 봉 합

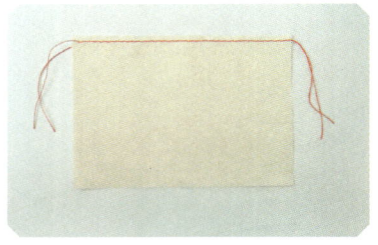

①완성선에서 0.3cm정도 위쪽에 큰 땀으로 봉합한 후 양쪽에 실을 길게 남겨둔다

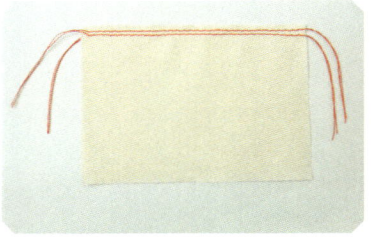

②①의 봉제선에서 0.3cm위로 한번 더 큰 땀으로 봉합한다

③실의 한쪽 끝을 당겨 주름을 잡는다

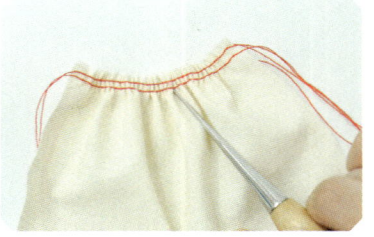

④주름이 뭉치지 않고 균일하도록 송곳으로 정리해준다

주 머 니 봉 합 - 패 치 포 켓

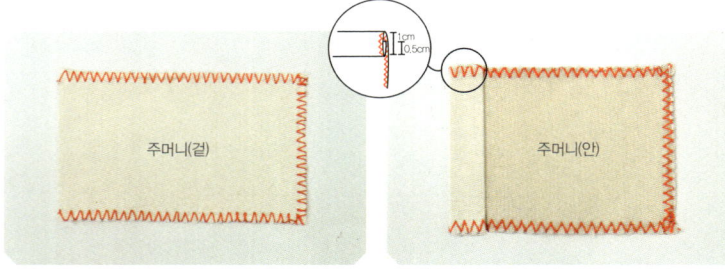

①주머니 입구를 제외한 나머지 세 변을 지그재그봉제 또는 오버록 처리한다

②주머니 입구를 두 번 접는다

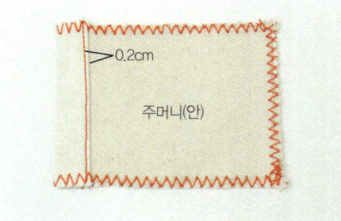

③주머니 입구를 상침한다

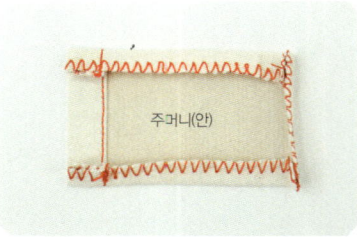

④주머니 입구를 제외한 나머지 세 변을 안쪽으로 접어 다린다

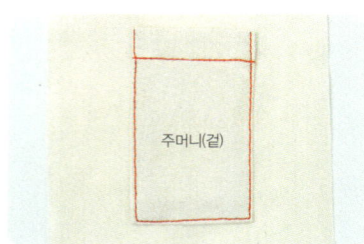

⑤원단 위에 위치를 맞춰 주머니를 놓고 주머니 입구를 제외한 나머지 세변을 0.2cm폭으로 상침한다

주 머 니 봉 합 - 바 지 주 머 니

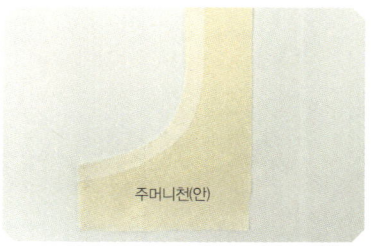

①주머니천의 주머니 입구 부분에 접착
심지를 붙인다

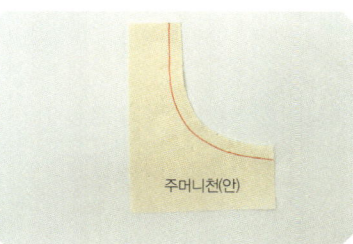

②주머니천과 몸판을 겉끼리 맞닿게 겹
치고 완성선을 봉합한다

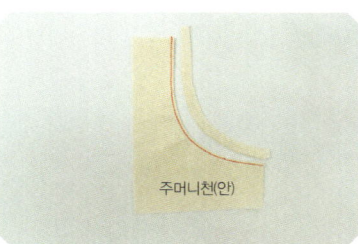

③완성선에서 0.2cm정도만 남기고 시접
을 얇게 자른다

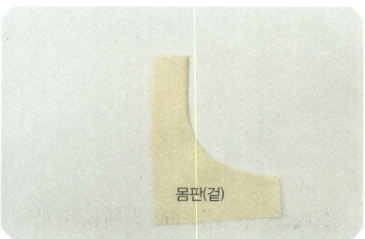

④겉으로 뒤집어 정리한다

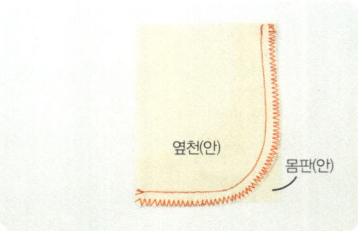

⑤주머니천 1장과 옆천을 맞닿게 겹쳐
완성선을 봉합하고 옆천의 모양에 맞춰
주머니천을 자른다.

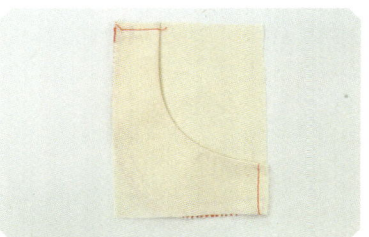

⑥옆천이 움직이지 않도록 임시고정 봉
합한다

고 무 줄 통 로

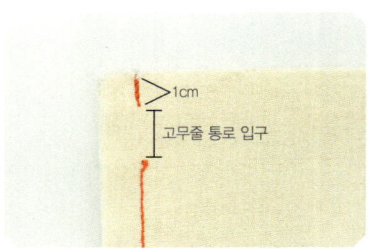

①고무줄 크기에 맞춰 고무줄 통로 입구
를 남겨두고 위·아래를 봉합 한다

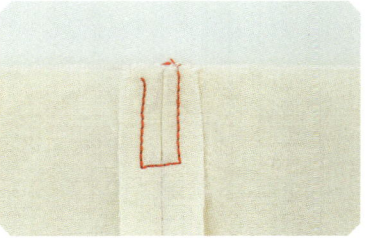

②가름솔 후 고무줄 통로 입구 주위를
사진과 같이 봉합한다

③1cm/고무줄 통로 입구의 길이만큼 두
번 접는다

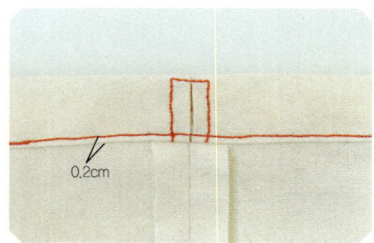

④끝을 0.2cm폭으로 상침한다

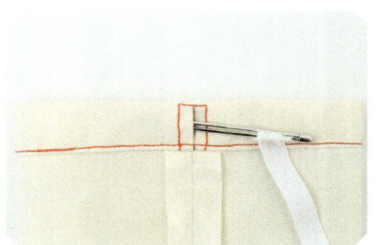

⑤창구멍에 고무줄을 넣는다

⑥고무줄을 넣은 후 양쪽 끝을 겹쳐 봉
합한다

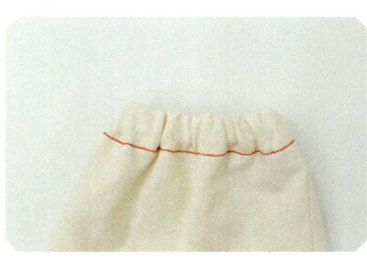

⑦고무줄을 정리한다

일 반 지 퍼 달 기

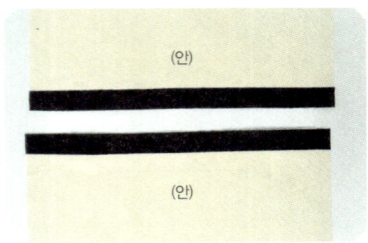

①원단 안쪽의 지퍼가 달릴 부분에 소잉 테이프를 붙여준다

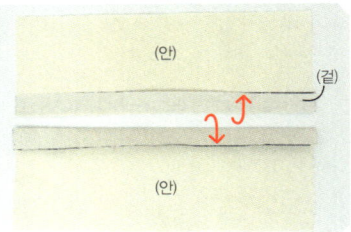

②시접을 접어 다린다

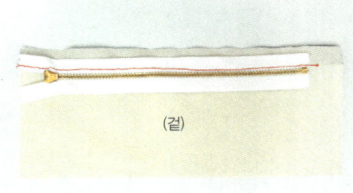

③원단의 접음선에 맞춰 지퍼와 원단을 겉끼리 맞닿게 겹쳐 완성선을 봉합한다.

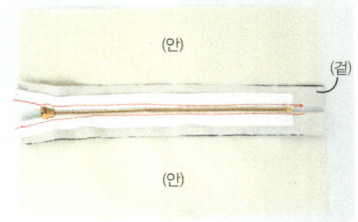

④나머지 한쪽도 같은 방법으로 봉제한다

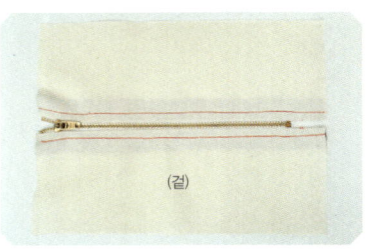

⑤겉에서 상침하면 지퍼달기 완성

▲ 시 접 처 리 법

지 그 재 그 봉 제 & 오 버 록 처 리

①원단의 끝을 지그재그봉제 또는 오버록 처리하면 끝부분의 올풀림이 방지된다

접 어 박 기

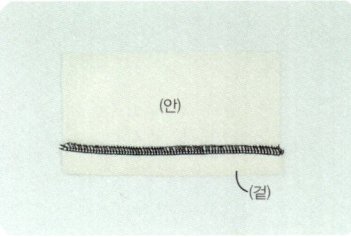

①원단의 끝을 지그재그봉제 또는 오버록 처리하고 한 번 접는다.

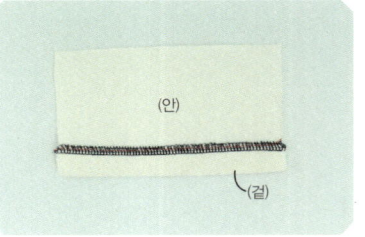

②접은 원단의 끝에서 0.2cm폭으로 상침한다

말 아 박 기

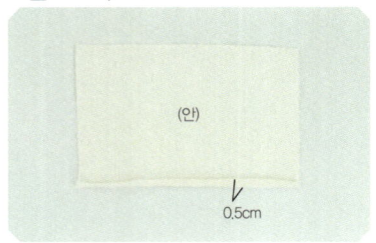

①봉합할 원단의 끝을 안쪽으로 0.5cm 접어 다린다

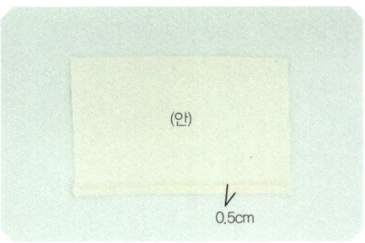

②한 번 더 0.5cm안으로 접어 다린다

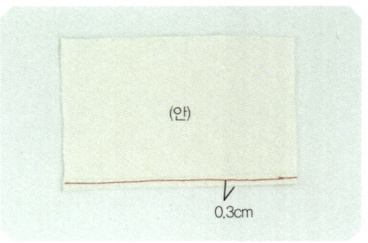

③접은 부분을 0.3cm폭으로 상침한다

바이어스테이프 만들기 & 바이어스 처리법

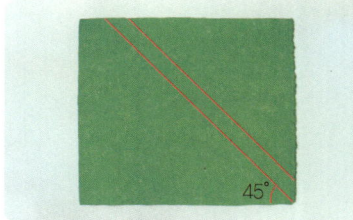

①바이어스테이프를 만들 원단을 준비한다. 원단에 45도 각도로 선을 긋고 원단을 자른다

②자른 원단 두 장을 겹치게 놓고 봉합한다

③봉합한 후 시접을 가름솔하여 다리고, 튀어나온 시접을 잘라낸다

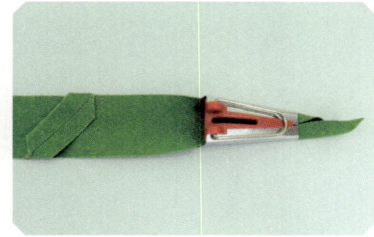

④원단 끝을 바이어스 메이커에 넣고 잡아당긴다

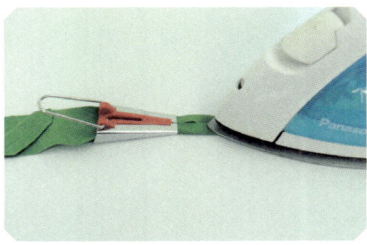

⑤바이어스 메이커를 통해 접혀 나온 원단을 다리미로 다려가며 원단을 끝까지 통과시킨다

⑥바이어스테이프 만들기 완성

⑦반으로 접은 바이어스테이프 사이에 봉합할 원단을 끼워 넣어 패브릭 본드 등으로 임시고정한다

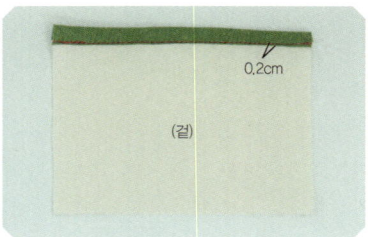

⑧바이어스테이프의 끝에서 0.2cm폭으로 상침한다

통솔 처리

쌈솔 처리

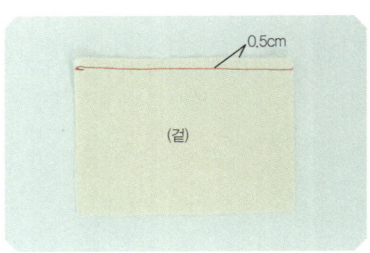

①원단의 안과 안을 서로 맞닿게 하여 0.5cm폭으로 봉합한다(시접은 1.5cm로 한다)

②겉과 겉이 맞닿게 원단을 뒤집은 후 반으로 접어 시접이 안쪽으로 들어가도록 한다

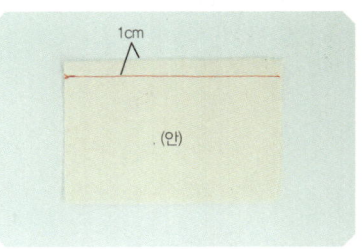

③1cm폭으로 상침한 후 뒤집으면 통솔 완성

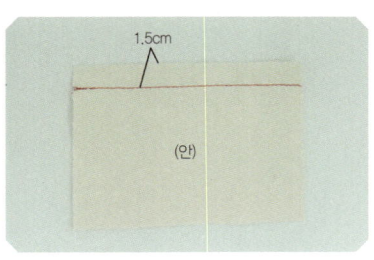

①원단의 겉과 겉이 서로 맞닿게 하여 봉합한다(시접은 1.5cm로 한다)

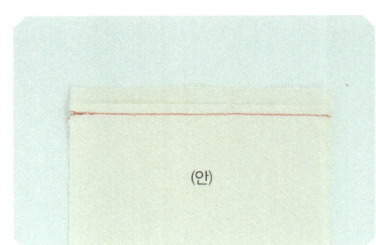

②한쪽 시접을 반으로 자른다

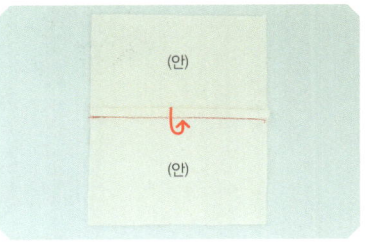

③자르지 않은 시접을 접어 자른 시접을 감싼 후 다림질한다

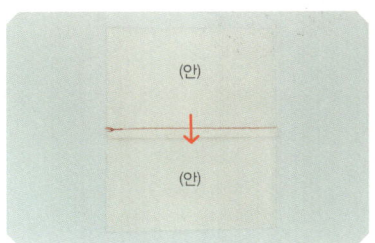

④감싼 시접이 위를 향하도록 하여 다림질한다

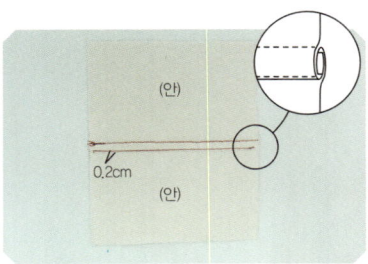

⑤감싼 시접의 가장자리를 0.2cm폭으로 상침하면 쌈솔 완성

1. 재봉틀의 청소 주기는?

일반적으로 재봉틀의 청소 주기는 딱히 정해진 것은 없습니다. 하지만 재봉틀을 사용하다 보면 북집이 장착되는 가마나 혹은 재봉틀 본체에 먼지가 쌓여 있는 것을 확인할 수 있습니다. 이것은 실 주변의 잔털들이 봉제가 되는 과정에서 떨어져 나가 생기는 일종의 실 찌꺼기입니다. 통상적으로 재봉틀의 사용량이 많은 경우라면 일주일에 한 번은 반드시 재봉틀의 사용 설명서를 참고하여 청소를 하는 것이 재봉틀 유지관리에 도움이 됩니다. 반대로 재봉틀 사용량이 적은 경우에는 3~4주에 한 번은 반드시 재봉틀의 사용설명서를 참고하여 청소를 하는 것이 재봉틀 유지관리에 도움이 됩니다. 유지 및 관리를 자주 하는 것은 재봉틀 성능유지에 도움이 되니, 사용하고 난 후 청소 및 기름칠을 하는 것은 재봉틀을 오랫동안 사용할 수 있는 방법 중 하나입니다.

재봉틀을 청소해 보자!!

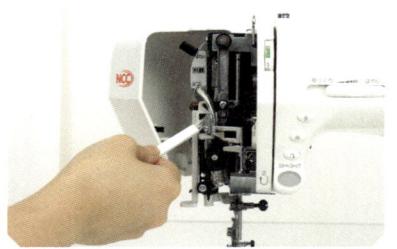
①재봉틀 본체의 먼지를 제거한다.

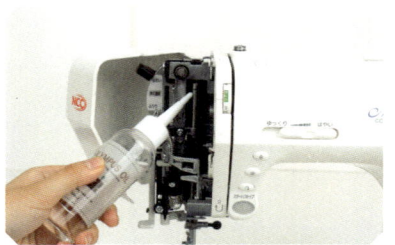
②구석구석 기름칠을 해준다.

③가마를 청소해준다.

④소음방지패드의 먼지를 제거해준다.

⑤깨끗이 청소해준다.

⑥소음방지패드에 기름칠을 해준다.

2. 재봉틀이 점점 소리가 커져요! 작동 소음을 줄이는 방법이 있나요?

재봉틀도 기계이기 때문에, 사용을 하다 보면 소리가 점차 커지는 것은 당연한 것입니다. 재봉틀에서 소음이 발생할 경우에는 가장 먼저 북집의 이물질 제거 등 재봉틀을 청소해 주고 기름칠을 해준 후에 상태를 지켜봐야 합니다.

재봉틀의 소음은 두 가지 원인으로 볼 수 있는데, 1차적인 원인은 재봉틀의 바늘과 실로 인해서 발생하는 소음이 있습니다. 바늘이 불량이거나 실이 잘못 장착되었을 경우 또는 실이 두껍거나 공업용 바늘을 사용했을 경우 소음이 발생할 수 있습니다. 2차적인 원인으로는 재봉틀의 관리소홀로 인해 발생하는 소음이 있습니다. 북집의 이물질과 바늘축 및 가마 마찰 부분의 기름칠이 정상적으로 되지 않았을 때 발생합니다. 그 외의 특별한 부분 (풀리, 모터벨트)에서 소음이 발생한다면 A/S를 이용하여 점검을 받아야 합니다.

3. 원단의 두께에 따라 노루발의 압력 조절을 해야 하는데, 그 기준은 무엇인가요?

가정용 일반 재봉틀의 경우 원단이 두꺼울수록 노루발 압력은 약하게 하고, 원단이 얇을수록 노루발 압력을 강하게 해야 합니다. 그리고 가정용 오버록 재봉틀은 원단이 두꺼울수록 노루발 압력을 강하게 하고, 원단이 얇을수록 노루발 압력을 약하게 해야 합니다. 단, 일반적인 원단을 봉제할 경우에는 일반 재봉틀에서는 노루발 압력을 강하게 하고 오버록 미싱일 경우에는 중간정도에 맞추고 작업을 하면 됩니다.

재봉틀 압력조절레버   오버록 재봉틀 압력조절레버

4. 오버록 재봉틀의 경우 유지 관리를 어떻게 하나요.

오버록 재봉틀의 유지 관리는 일반적으로 청결 및 기름칠이 중요합니다. 특히나 청결관리는 중요한 부분입니다. 왜냐하면 오버록 재봉틀은 재단 칼이나 재단가위를 이용하여 원단의 끝 부분을 잘라내는데, 이때 대량의 원단 잔여물이 발생하게 됩니다. 만약 그때그때 치우지 않을 경우, 오버록 재봉틀의 작동에 영향을 미치게 됩니다. 핀셋 또는 진공청소기를 이용하여 원단 잔여물이나 먼지 등을 깨끗하게 청소한 후 다시 시운전을 하면서 오버록 재봉틀의 작동에 영향을 미치는 각 부분에 적정량의 기름칠을 해줍니다(재단칼이나 재단가위 등 공구의 칼날을 날카롭게 유지하기 위하여 오버록 재봉틀 사용 후 재단칼이나 재단가위 등의 칼날 부분에 기름칠을 해 줍니다).

theme 1

머 신 소 잉 의 실 전

기 초

이 테마에서는 머신소잉을 처음 접하는 초보 소어도 쉽게 만들 수 있는 가장 기초적인 아이템들을 소개합니다. 대부분이 직선박기만으로 간단하게 만들 수 있지만 그에 비해 실용성은 높은 아이템들입니다. 짧은 시간에 쉽게 작품들을 만들어가며 머신소잉의 즐거움을 느껴보세요.

No. 001~003

파우치A, B, C

How to make · 082~084
Pattern ✕

끈을 조여 여미는 타입의 스트링 파우치는 가장 만들기 쉽지만 만드
는 방법은 다양합니다. 파우치A, B, C는 끈이 들어가는 통로와 몸판
이 모두 다른 방법으로 만들어진 파우치들입니다. 책에서 소개하는
대로 만들어도, 원하는 대로 조합해서 만들어도 좋습니다. 여러 가지
방법의 스트링 파우치 만드는 방법을 배워보세요.

No. 004

바란스 커튼

How to make · **085**
Pattern ✕

바란스 커튼은 주방의 오픈되어 있는 찬장을 가리거나 작은 창문을
가릴 때 사용합니다. 두 장의 몸판을 끈으로 따로따로 묶어 커튼을
열 수 있습니다. 빗방울 프린트의 원단을 사용해 비가 오는 모습을 표
현했습니다. 창문의 크기에 맞게 바란스 커튼을 만들어 사용하세요.

No. 005

쿠 션 커 버

How to make · **086**
Pattern ✕

집안의 인테리어를 바꿀 때, 간단하게 큰 효과를 내는 것이 바로 쿠
션입니다. 여기서 소개하는 쿠션 커버는 지퍼 등의 부재료 없이 끈
으로 묶는 디자인이기 때문에 머신소잉을 처음 접하는 초보자들도
쉽게 만들 수 있습니다. 쿠션의 크기에 맞춰 패턴을 조절해서 만들
어 보세요.

No. 006

여아 스커트

How to make · **087**
Pattern **B**

허리에 고무줄을 넣은 여자아이용 스커트를 만들었습니다. 심플한 실루엣의 디자인이기 때문에 귀여운 원단을 사용해 여러 벌 만들어 두면 활용도가 높습니다. 보기보다 훨씬 쉽게 만들 수 있기 때문에 초보자라도 금방 만들 수 있습니다.

No. 007

앞 치 마

How to make · **088**
Pattern ✗

시원해 보이는 무늬의 원단이 돋보이는 앞치마입니다. 직선박기만으
로 완성할 수 있기 때문에 짧은 시간에 쉽게 만들 수 있습니다. 포켓
의 입구는 몸판의 무늬와 색을 맞춘 바이어스테이프로 처리했습니다.
주방에서의 시간이 즐거워지는 앞치마를 만들어 보세요.

theme 2

머신소잉의 실전

초급

초급 테마에서는 머신소잉에 조금 익숙해진 분들이 만들어 보기 좋은 작품들을 소개합니다. 차근차근 과정을 따라 만들어 가다보면, 어느새 멋진 작품이 내 눈앞에 나타납니다. 기초 테마보다 다소 어려운 과정이 생기더라도 포기하지 말고 책에서 알려주는 제작 방법을 따라 천천히 만들어 보세요. 어려울 땐 천천히 다시 한 번 과정을 되짚는 것도 좋은 방법입니다.

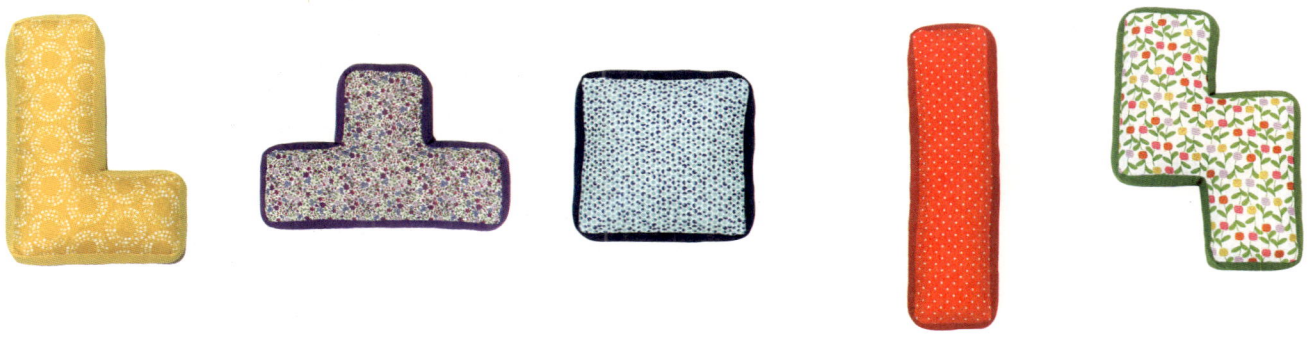

No. 008

테트리스 쿠션

How to make · **089**
Pattern **B**

어려워 보이지만, 직선박기만으로 간단하게 만들 수 있는 간단한 쿠션입니다. 다섯 가지 모양으로 인테리어에도 좋고, 여러 개 만들면 아이와 함께 테트리스 놀이를 즐길 수도 있습니다. 선물용으로도 손색없는 아이템입니다. 마음에 드는 원단으로 귀엽게 만들어 보세요.

No . 009

남 자 가 방

How to make · **090**
Pattern **A**

단정해 보이는 브라운 계열의 가방입니다. 각이 잡힌 실루엣과 실용성을 더해주는 펠트 주머니가 포인트입니다. 직선박기만으로 완성할 수 있기 때문에 짧은 시간에 완성됩니다. 내 남자를 위해 넉넉한 수납공간의 가방을 직접 만들어 주세요.

No. 010~011

에 코 백 ＋ 파 우 치

How to make · **091-092**
Pattern **B**

따뜻한 봄날, 가볍게 산책을 나갈 때 함께하고 싶은 그런 가방과 파우치입니다. 가방 안쪽에 안감심지를 붙여 안보이는 곳까지 신경 써서 만들었습니다. 가방은 직선박기로 금방 완성할 수 있고, 파우치는 어려워 보이지만 차근차근 설명을 따라 만들면 금방 완성할 수 있습니다.

No. 012~013

아동 가방

How to make · **093**
Pattern **B**

내 아이가 메고 있는 모습을 상상만 해도 행복해지는 가방입니다. 아
이가 원하는 모양으로 가방을 만들어 주세요. 가방 입구에 단추 등
을 달아도 좋습니다. 간단하지만 조금 더 신경을 쓰면 예쁘게 완성
할 수 있습니다.

No. 014

남 자   파 자 마

How to make · **094**
Pattern **A**

고단한 하루를 보내고 집에 돌아온 후, 지친 몸을 편안히 감싸줄 파
자마입니다. 직선박기만으로 간단하게 완성할 수 있기 때문에 다양
한 원단으로 여러 벌 만들어 두면 좋습니다. 사랑하는 사람에게 마음
을 담은 파자마와 함께 편안한 휴식을 선물해 보세요.

No. 015~016

아동 원피스+성인 원피스

How to make · **095**
Pattern **015[B]+016[A]**

엄마와 딸을 위한 간단하고 예쁜 원피스입니다. 엄마는 레이어드 원
피스로, 딸은 레이어드 원피스 혹은 원피스 그대로 입어도 좋습니
다. 사랑하는 마음을 가득 담아 내 아이에게 나와 같은 옷을 선물
해 주세요.

theme 3

머신소잉의 실전

중급

앞에서 지나온 테마들과는 달리 이번 테마에서는 조금 난이도 있는 작품들을 소개합니다. 조금 더 어려운 만큼 완성도 있는 작품들입니다. 기본적인 봉제는 기본이고 함께 사용할 수 있는 다양한 부재료를 사용하는 방법을 함께 소개하고 있기 때문에, 이 테마에 있는 작품들을 만들고 나면 소잉에 한 걸음 더 가까워질 것입니다.

No. 017

레 이 스 태 슬 에 코 백

How to make · **096**
Pattern ✕

누구에게나 어울리는 소녀감성의 에코백입니다. 튼튼한 캔버스 소재
에 사랑스러운 플라워 패턴의 케미컬 레이스와 태슬로 포인트를 주
었습니다. 한 걸음 한 걸음 걸을 때마다 경쾌하게 흔들리는 태슬로
기분까지 좋아집니다.

No. 018

멜 빵 블 루 머

How to make · **097**
Pattern **B**

우리 아이를 위한 귀여운 멜빵 블루머입니다. 무난한 색감의 깅엄체
크 블루머에 와펜으로 포인트를 주었습니다. 옷 안의 단추로 멜빵을
연결할 수도, 뗄 수도 있습니다. 그날의 코디에 따라 다양하게 연출
해 보세요!

No. 019

소 잉 파 우 치

How to make · **098**
Pattern **A**

소잉을 시작하는 소어들에게 꼭 필요한 소잉 파우치입니다. 보관이
힘든 부자재들이나 도구들을 소잉 파우치 하나에 모두 넣어 보관해
보세요. 위험한 쪽가위를 안전하게 넣을 수 있는 지퍼 주머니, 핀을
꽂을 수 있는 핀 쿠션, 단추 등 작고 잃어버리기 쉬운 부자재를 넣
을 수 있는 단추 주머니에 실패꽂이까지! 작지만 알찬 파우치입니다.

No. 020

고 무 줄 치 마 바 지

How to make · **099**
Pattern **B**

앞모습은 치마로, 뒷모습은 바지로 두 가지의 매력이 있는 치마바지
입니다. 뒤판에 고무줄이 있는 편안한 바지 위에 치마를 덧대어 여성
스러움과 편안함을 동시에 연출할 수 있습니다.

No. 021

여행용 파우치

How to make · 100
Pattern ×

여행 갈 때 꼭 필요한 넉넉한 사이즈의 여행용 파우치입니다. 폭신한
접착솜을 덧대어 깨지기 쉬운 물건을 넣어도 안전합니다. 바다가 연
상되는 시원한 색감과 경쾌한 패턴의 원단으로 직접 만든 여행용 파
우치와 함께라면 여행이 더욱 즐거워질 것입니다.

No. 022~023

아 이 낮 잠 세 트

How to make · **101**
Pattern ✕

바이어스 처리만 깔끔하게 한다면 직선박기로 간편하게 만들 수 있
는 베개, 이불, 요매트로 이루어진 아이를 위한 낮잠이불 세트입니다.
재단도, 봉제 방법도 간단한 아이 낮잠 세트는 아이에게 꼭 필요한 아
이템입니다. 좋은 소재로 사랑하는 마음을 가득 담아 만들어 보세요!

머신소잉의 실전

스페셜

재봉틀 다루는 방법부터 기초 아이템, 초급 아이템, 중급 아이템까지 다 배워봤다면 이젠 조금 특별한 아이템을 만들 차례입니다. 초보 소어들이 가장 만들고 싶어하는 커플 아이템과 패밀리 아이템을 소개합니다. 바느질을 하는 것뿐만 아니라 완성된 작품을 잘 사용하거나 선물하는 것도 소잉의 즐거움이겠죠. 연인과 함께, 혹은 사랑하는 가족들과 함께 소잉의 즐거움을 느껴보세요.

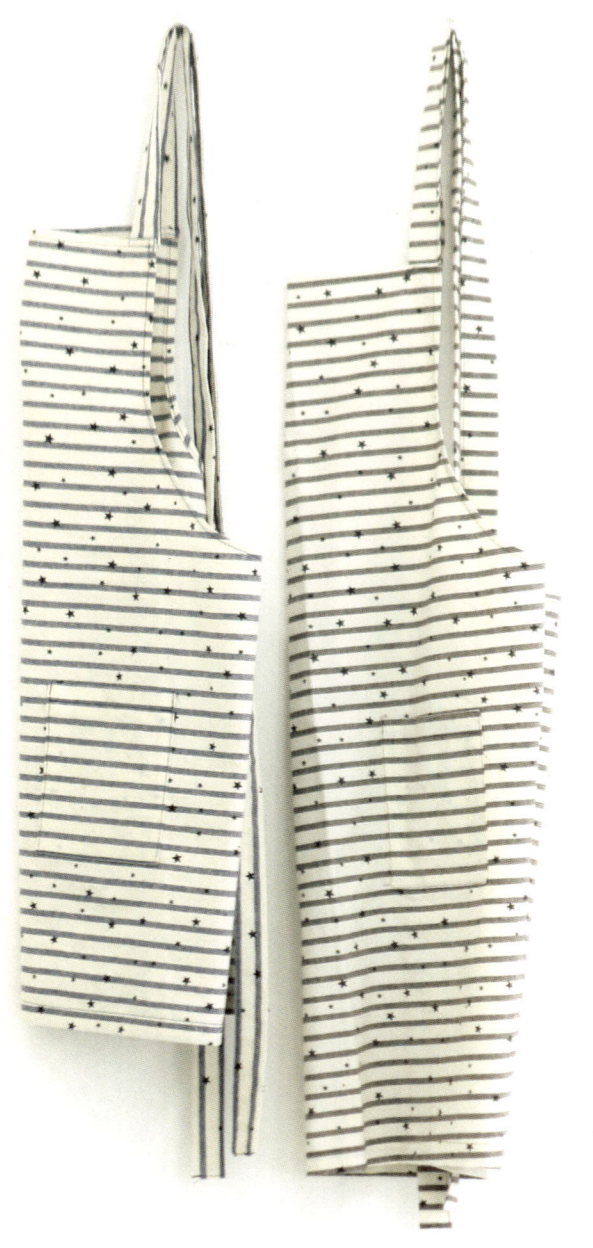

No. 024~025

커 플 앞 치 마

How to make · **102**
Pattern **B**

기본 앞치마를 커플로 만들었습니다. 집안일을 할 때, 혹은 대청소를
할 때 사랑하는 사람과 같은 앞치마를 입고 일한다면, 집안 곳곳 두
사람의 사랑이 묻어나와 더 행복해질 것 같습니다.

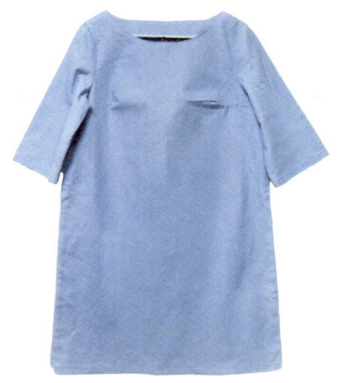

No. 026~029

패밀리룩

How to make · 103~106
Pattern 026[A]+027[A]+028[B]+029[A]

비슷한 듯한 원단을 사용해 가족들의 패밀리룩을 만들었습니다. 직접
만든 정성이 가득 담긴 패밀리룩을 입고 나들이를 떠나 보세요. 패밀
리룩을 입고 함께 찍은 사진 속에서 활짝 웃고 있는 아이들의 모습이
더욱 더 사랑스러워질 거예요.

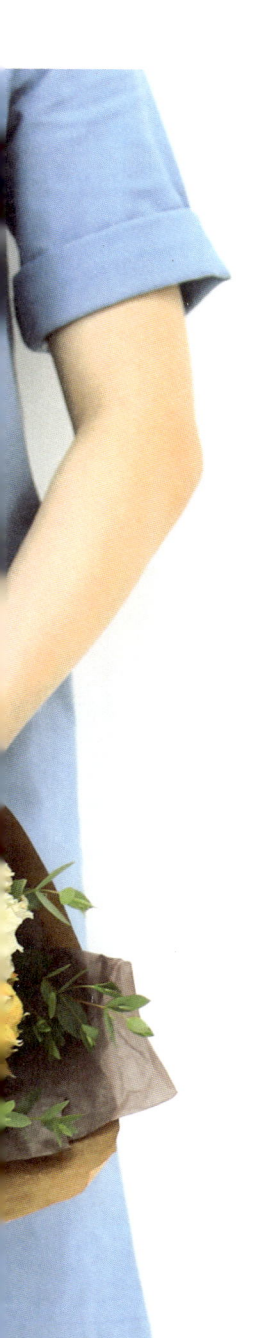

Epilogue

하루하루 시간이 지날수록, 재봉틀과 함께하는 시간이 많아질수록, 삐뚤삐뚤 서툴렀던 바느질 솜씨가 늘어갈수록 당신과 더욱 가까워지는 기분이 듭니다. 당신만을 생각하며 바느질을 하는 시간. 그 시간은 무엇과도 바꿀 수 없는 행복입니다. 오늘도 당신을 위해 설레는 마음으로 재봉틀 앞에 앉습니다. 그 마음을 바느질에 담아 봅니다. 사랑하는 마음을 담아 당신만을 위한 선물을 준비합니다.

하루에 소잉팁

사이즈 재는 법

본 서적의 실물크기 패턴은 아래의 사이즈표를 기준으로 제작되었습니다.
상의는 신장과 가슴둘레를 기준으로, 하의는 허리둘레와 엉덩이둘레를 기준으로 실물크기 패턴을 사용하세요.
먼저 사이즈를 측정하여 제일 근접한 사이즈의 실물크기 패턴을 사용하는 것이 좋습니다.
소매길이와 바지길이는 몸에 맞추어 완성합니다.

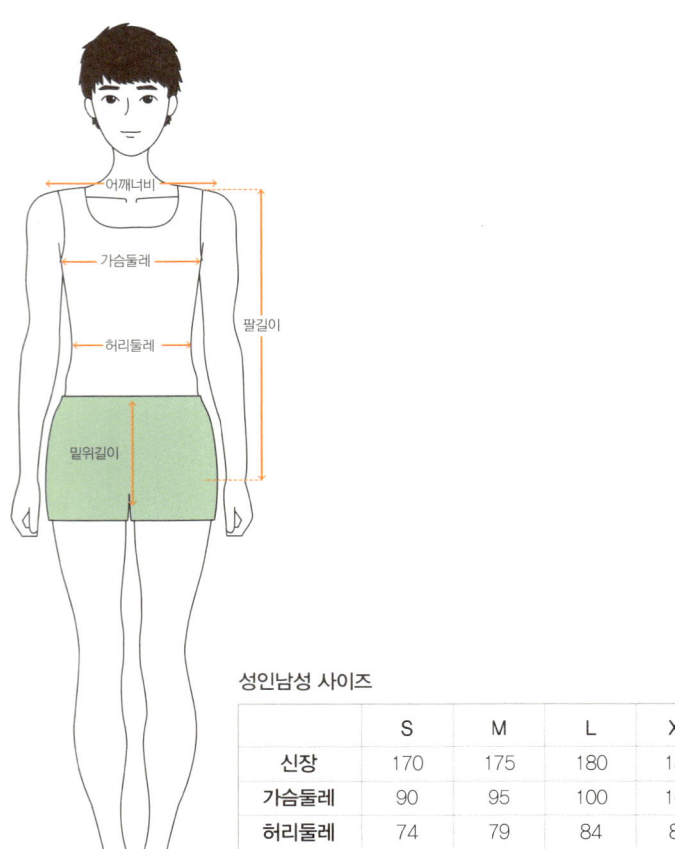

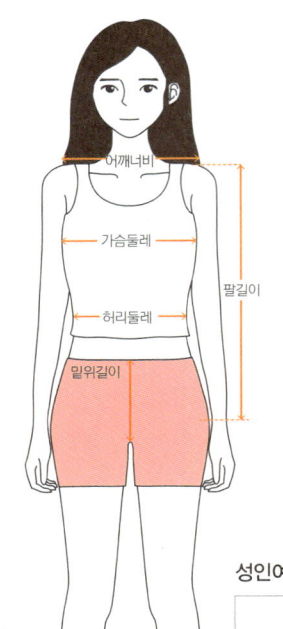

성인남성 사이즈

	S	M	L	XL
신장	170	175	180	185
가슴둘레	90	95	100	105
허리둘레	74	79	84	89
엉덩이둘레	94	99	102	110

성인여성 사이즈

	S	M	L	XL
가슴둘레	84	88	92	96
허리둘레	66	70	74	78
엉덩이둘레	90	94	98	102
등길이	39	39	39	39
소매길이	54	54	54	54

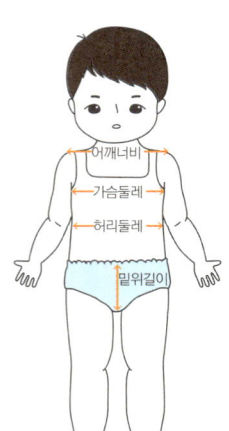

아동 사이즈

	90	100	110	120
가슴둘레	48	52	56	60
허리둘레	45	48	51	52
엉덩이둘레	52	58	61	63

사이즈는 재는 방법에 따라 1~3cm 정도 차이가 있을 수 있습니다.

소 잉 의 기 본 용 어

알아두면 편리한 소잉용어들을 소개합니다.

· **패턴 그리기**
원형제도의 한 방법으로, 직선, 직각 등을 안내선이
나 등분선 등을 기준으로 완성치수 그대로 그리는
일을 말한다.

· **너치(맞춤점)표시**
2장 이상의 천을 겹쳐 봉합할 때, 서로 뒤틀리지 않
도록 같은 위치를 표시하는 기호.

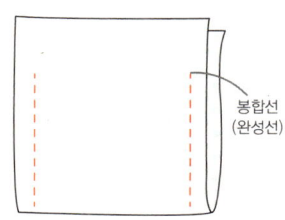

봉합선
(완성선)

· **봉합선**
원단을 봉합할 때, 작품이 연결되는 완성선.

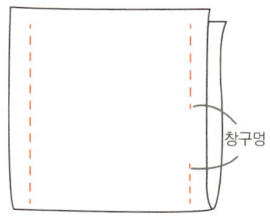

창구멍

· **창구멍**
2장의 천을 겉과 겉이 서로 마주보게 겹쳐 봉합할 때,
겉면으로 뒤집기 위해 그림과 같이 봉합하지 않고
남겨놓는 부분을 말한다. 가방 등 안감에 창구멍을
남겨놓는 일이 많다.

· **연단**
천을 재단하기 전에 직물의 모양이 뒤틀려진 것을
정리하는 일.

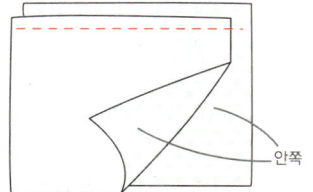

안쪽

· **안끼리 마주보게 겹치기**
2장의 천을 겹쳐 봉합할 때, 천의 겉면이 바깥쪽으로
드러나게 접거나 포개는 것을 말한다.

· **날실**
직물의 세로 방향으로 놓인 실.

· **씨실**
직물의 가로 방향으로 놓인 실.

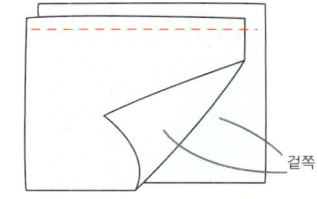

겉쪽

· **겉끼리 맞대어(마주보게) 겹치기**
2장의 천의 겉면이 서로 맞닿게 접거나 포개는 것을
말한다.

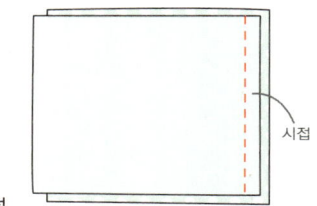

시접

· **시접**
2장의 천을 봉합할 때 완성선에서부터 여분으로 남겨
두는 부분을 말한다.

· **시침질**
본 박음질 전에 완성선이 뒤틀리지 않도록 가봉하거
나 시침핀을 꽂는 일.

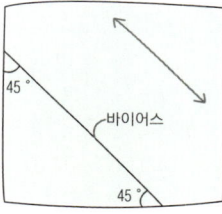

45°
바이어스
45°

· **바이어스**
직물의 날실 방향과 대각선이 되도록 비스듬히 자른 천
을 말한다. 테이프 모양으로 잘라 사용하는 일이 많다.

· **턱**
작은 폭의 바느질로 만들어 낸 주름. 접은 부분을
일정한 간격으로 봉합하는 것이 일반적이다.

· **땀**
봉합땀을 지칭하는 말로써, 주로 한 땀의 길이를 가리
키는 일이 많다.

· **요척**
작품을 제작할 때 필요한 최소한의 천의 폭과 길이.
천의 사용량을 칭하는 말.

· **접착심**
천의 보강을 위해 다림질로 접착시키는 심지.

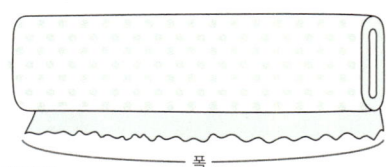

폭

· **천의 폭**
직물의 짜여진 가로폭을 말하는 것으로, 원단의 끝
에서 끝까지의 길이를 말한다.

· **천의 결**
날실과 씨실이 교차해서 만들어낸 천의 흐름.

· **완성선**
제도할 때 긋는 선의 하나로, 보통 두꺼운 실선으로
표현한다. 마감선과 같다.

선 세 탁 하 기

선세탁은 과거 충분한 가공이 되지 않는 원단으로 옷을 완성할 때, 세탁 후 심하게 줄어드는 현상을 예방하기 위해 하는 제작 공정이었습니다.
하지만 최근 생산되는 원단의 경우 충분한 가공이 되어 거의 수축되지 않으므로, 선세탁 없이 옷을 만들어도 문제가 없습니다.

· **면과 마의 선세탁**

충분한 양의 물에 원단을 1시간 정도 담가둔다.

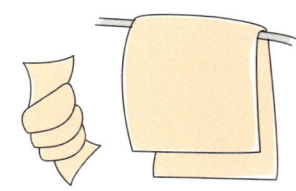

원단을 가볍게 짜고, 주름을 펴서 말린다.

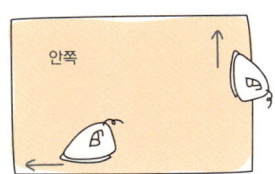

안쪽

원단이 완전히 마르면 안쪽부터 바깥쪽으로
직조된 올방향을 따라 다림질한다.

· **울의 선세탁**

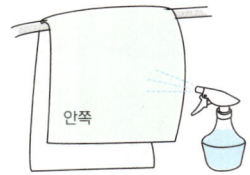

안쪽

원단의 안쪽에서 원단이 충분히 젖을 정도로
고르게 분무기로 물을 뿌린다.

천을 가지런히 접어서 비닐봉지 등에 넣고
습기가 잘 밸 때까지 1시간 정도 둔다.

안쪽

천을 꺼내서 안쪽부터 바깥쪽으로 스팀을 주
어 다림질을 해준다.

올 방향 바로잡기

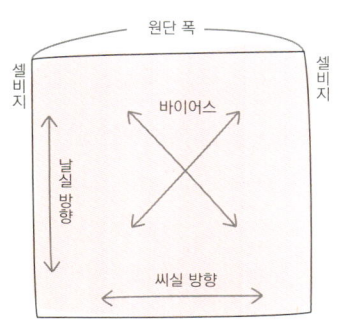

원단의 세부 명칭

· 올 방향 : 원단의 씨실과 날실의 짜임을 말합니다.

· 세로 올 방향 : 원단의 날실(세로실) 방향. 패턴의 올 방향을 나타내는 화살표는 세로 올 방향(식서 방향)을 나타냅니다.

· 가로 올 방향 : 원단의 씨실(가로실) 방향. 무서 방향이라고도 합니다. 세로 올 방향에 비해 원단이 잘 늘어납니다.

· 바이어스 방향 : 원단의 45도 대각선 방향을 말합니다. 원단이 가장 잘 늘어납니다.

· 셀비지 : 원단의 가장자리 부분으로, 좌우의 양 끝을 가리킵니다. 촘촘하게 직조되어 있어 실의 올 풀림이 없으며, 원단에 따라서 색상이 다르거나 제조사명이 프린트되어 있습니다.

· 원단 폭 : 원단의 셀비지부터 반대쪽 셀비지까지의 길이를 말합니다.

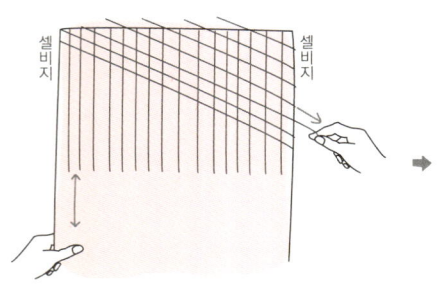 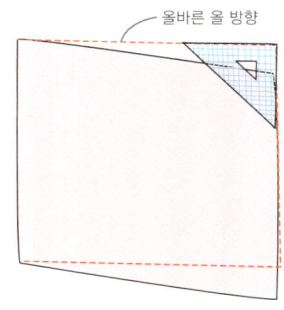 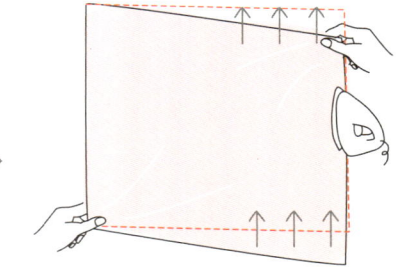

1. 씨실 한 가닥을 빼낸 다음, 씨실을 빼낸 선을 따라 원단의 가장자리를 잘라낸다.

2. 원단의 모서리에 자를 대고 원단이 뒤틀리지 않았는지 확인한다.

3. 원단의 방향이 올바르게 되도록 양손으로 원단을 잡아당긴 후, 다림질하여 정리한다.

접착심 붙이기

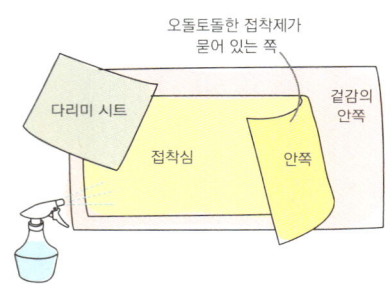 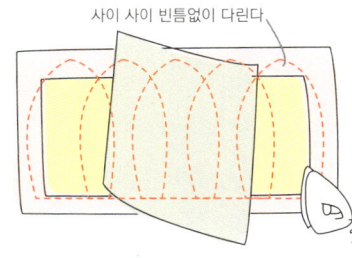

접착심 붙이는 방법

접착심의 접착면을 겉감 원단의 안쪽에 닿도록 올린다. 이때, 겉감과 접착심 사이에 실오라기나 먼지 등이 들어가지 않도록 주의하며 다리미 시트를 대고 꾹꾹 눌러 다림질한다. 문지르지 않게 주의하며 얼룩이 생기지 않도록 균일하게 눌러준다. 다림질이 끝난 후, 열이 다 식기 전에는 천을 움직이지 않도록 한다.

제도 기호 보는 방법

식서 표시

원단의 세로 올 방향 (식서 방향)을 표시합니다.

완성선

작품을 완성했을 때의 선을 표시합니다. 시접이 포함되어 있지 않은 경우에는 가장 바깥쪽에 있는 선이 완성선이 됩니다.

골선

원단을 반으로 접어 재단할 때, 원단의 접는선 부분에 맞추는 선입니다.

안단선

안단을 다는 위치를 표시한 선입니다.

접는선

접는 위치를 표시한 선입니다.

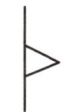

다트

선과 선을 맞춰 봉합하여 입체적으로 만듭니다.

턱

빗금의 높은 쪽에서 낮은 쪽으로 원단을 접어 주름을 만듭니다.

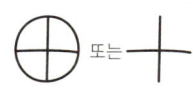

단추

단추 다는 위치를 나타냅니다.

단춧구멍

단춧구멍 위치를 나타냅니다.

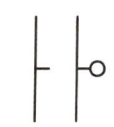

맞춤표시

2장 이상의 원단을 서로 맞춰 봉합할 때, 원단이 어긋나지 않도록 맞추는 표시입니다.

개더(주름)

큰 땀으로 봉제하여 주름을 잡는 부분을 나타냅니다.

오그리기

오그려가며 줄여서 봉제하는 부분을 나타냅니다.

기 본 손 바 느 질

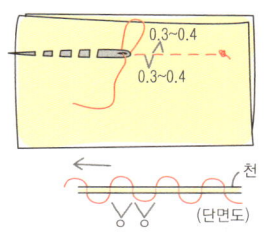

시침질

손바느질의 가장 기본이 되는 바느질법. 0.3~0.4cm 정도의 바늘땀으로 겉과 안 이 같은 간격으로 봉합되도록 한다. 이불과 같은 큰 옷감의 재봉 시 미리 고정해 두기 위해 시침핀 대신 사용하기도 하고, 옷을 가봉 할 때 사용하기도 한다.

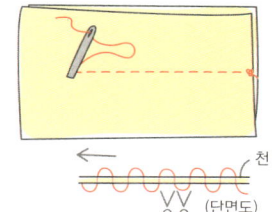

홈질

시침질의 바늘땀보다 좀 더 좁게 하는 바느질 방법. 겉과 안의 바늘땀을 0.2cm 정도로 고르게 바느질한다. 박음질보다는 약 하지만 간단한 재봉을 하거나 주름을 잡을 때 많이 사용한다.

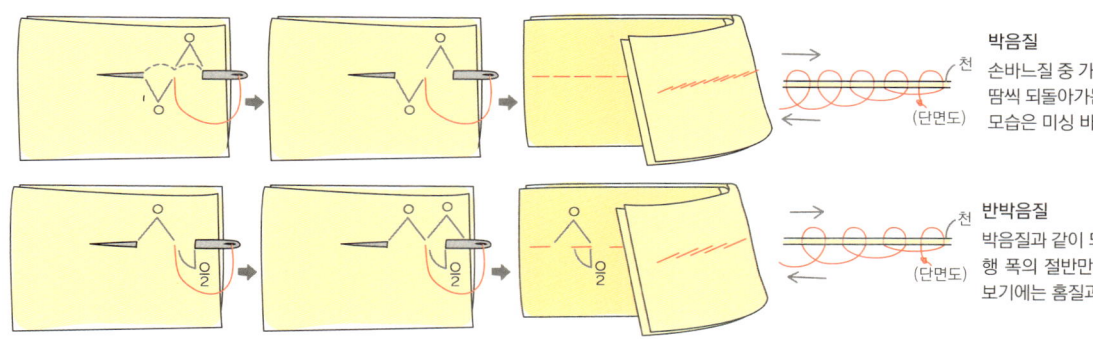

박음질

손바느질 중 가장 튼튼한 바느질 방법으로 한 땀씩 되돌아가는 방법으로 진행한다. 천의 겉 모습은 미싱 바늘땀과 비슷하게 보인다.

반박음질

박음질과 같이 되돌아가며 진행하지만, 진행 폭의 절반만 되돌아오는 방법. 겉에서 보기에는 홈질과 비슷하게 보인다.

봉 합 방 법 과 원 단 끝 처 리

· **지그재그봉합 또는 오버록 통솔처리**

천의 가장자리 처리와 봉합을 동시에 할 수 있어 간단하고 깨끗한 끝처리 방법.
니트 원단이나 다이마루 등 우븐을 봉합할 때 자주 쓰인다.

· **지그재그봉제 또는 오버록 처리**

재단 후 올풀림을 방지하기 위한 끝처리 방법.

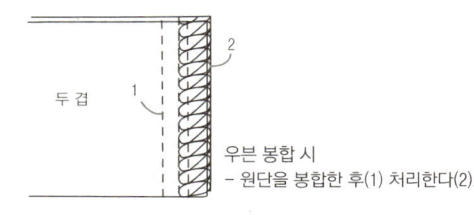

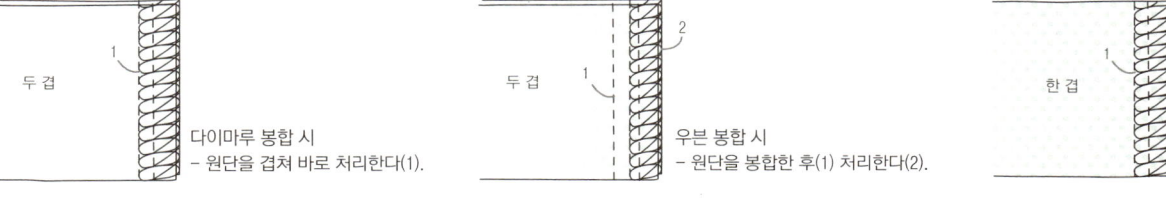

두 겹 — 다이마루 봉합 시
– 원단을 겹쳐 바로 처리한다(1).

두 겹 — 우븐 봉합 시
– 원단을 봉합한 후(1) 처리한다(2).

한 겹

콘 실 지 퍼 다 는 방 법

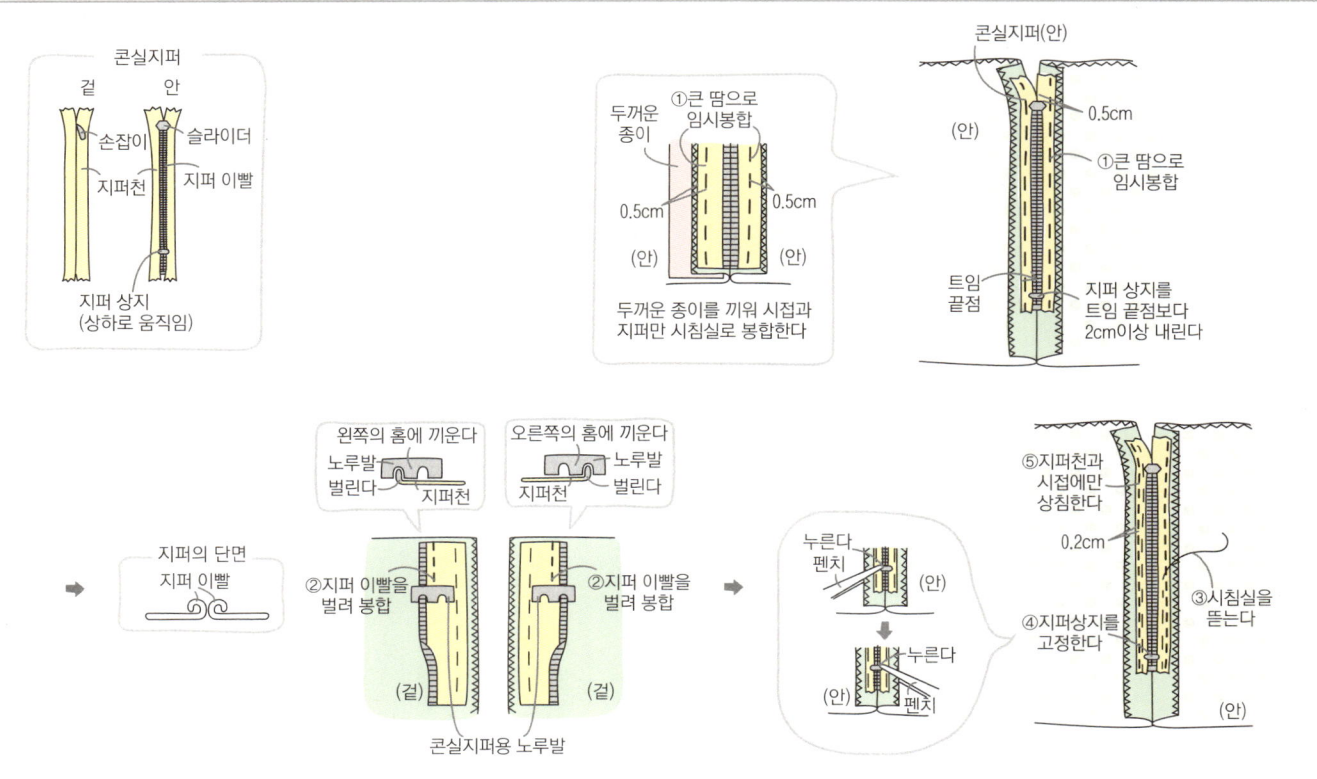

바 이 어 스 길 게 만 들 기

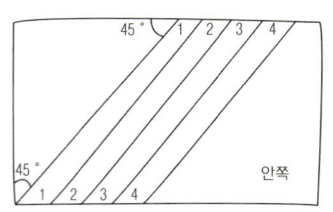 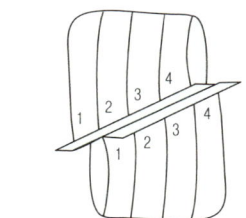 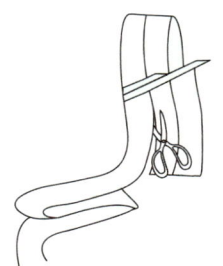

45도 각도로 필요한 만큼 천에
선을 그은 후, 양 끝을 자른다.

선이 한 줄씩 밀리도록 맞춰
봉합한 후, 시접을 가름솔한다.

선을 따라 자르면 긴 바이어스
테이프가 완성된다.

바 이 어 스 달 기

바이어스 달기 1 4겹의 바이어스테이프를 몸판에 바로 감싸서 박음질하는 방법
(바이어스 처리하는 면의 곡선이 심하지 않을 경우)

바이어스 달기 2

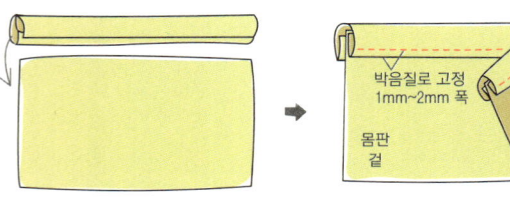 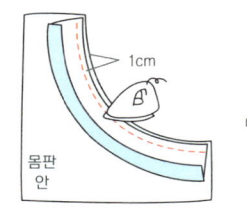 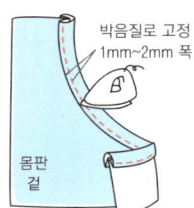

4겹의 바이어스로 원단의 끝을 감싼
후 시침핀을 이용해서 고정한다.

겉쪽의 바이어스 끝 쪽에서 1mm~ 2mm
떨어진 곳을 박음질로 고정한다.

몸판의 안쪽에서 1cm의 시접
으로 바이어스를 고정한다.

바이어스로 원단의 시접을 감싸고
겉쪽의 바이어스 끝면에서 1mm~
2mm 떨어진 곳을 박음질로 봉합
한다.

바이어스 달기 3 2겹의 바이어스를 몸판과 함께 접어 몸판의 안쪽에서 박음질로 고정하는 방법
(네크라인, 암홀 등 곡선이 큰 경우나 바이어스 안쪽에 끈 등을 넣어 셔링을 만들 경우)

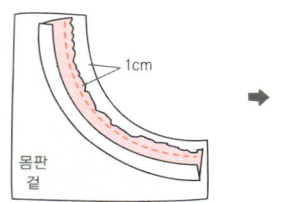 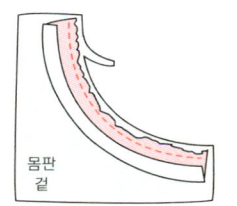 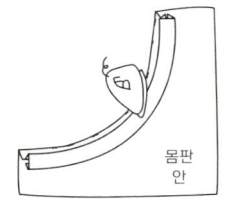 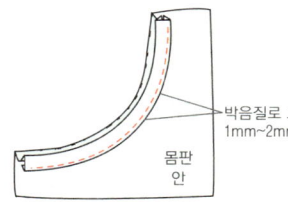

몸판의 겉쪽에서 1cm의 시접으로
바이어스를 고정한다.

몸판의 시접을 바이어스 라인에
맞춰 잘라낸다.

잘라낸 시접과 함께 몸판 안쪽으로
바이어스를 꺾어 다림질한다.

꺾어 다림질한 바이어스 끝면
에서 1mm~2mm 떨어진 곳을
박음질로 고정한다.

단 추 달 기 와 단 춧 구 멍 위 치 정 하 기

· 단추 위치 정하기

① 가로 단춧구멍 위치 정하기

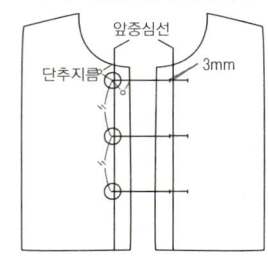 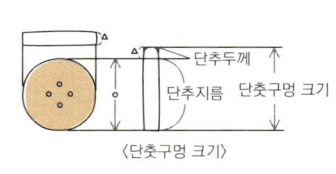

② 세로 단춧구멍 위치 정하기

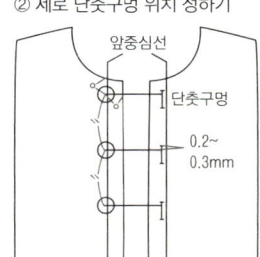

· 손바느질로 단춧구멍 만들기

단추지름+두께 / 3mm / 7매듭 / 1 2 4 3 5 6 / 버튼홀 스티치 / 가윗집

· 단추 달기

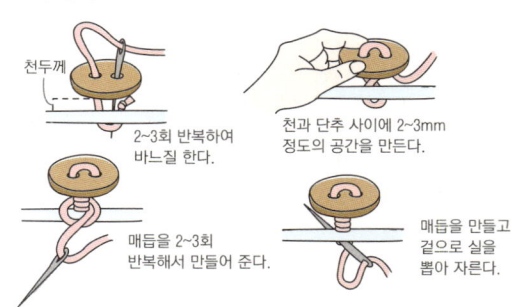

천두께 / 2~3회 반복하여 바느질 한다. / 천과 단추 사이에 2~3mm 정도의 공간을 만든다. / 매듭을 2~3회 반복해서 만들어 준다. / 매듭을 만들고 겉으로 실을 뽑아 자른다.

금 속 단 추   달 기

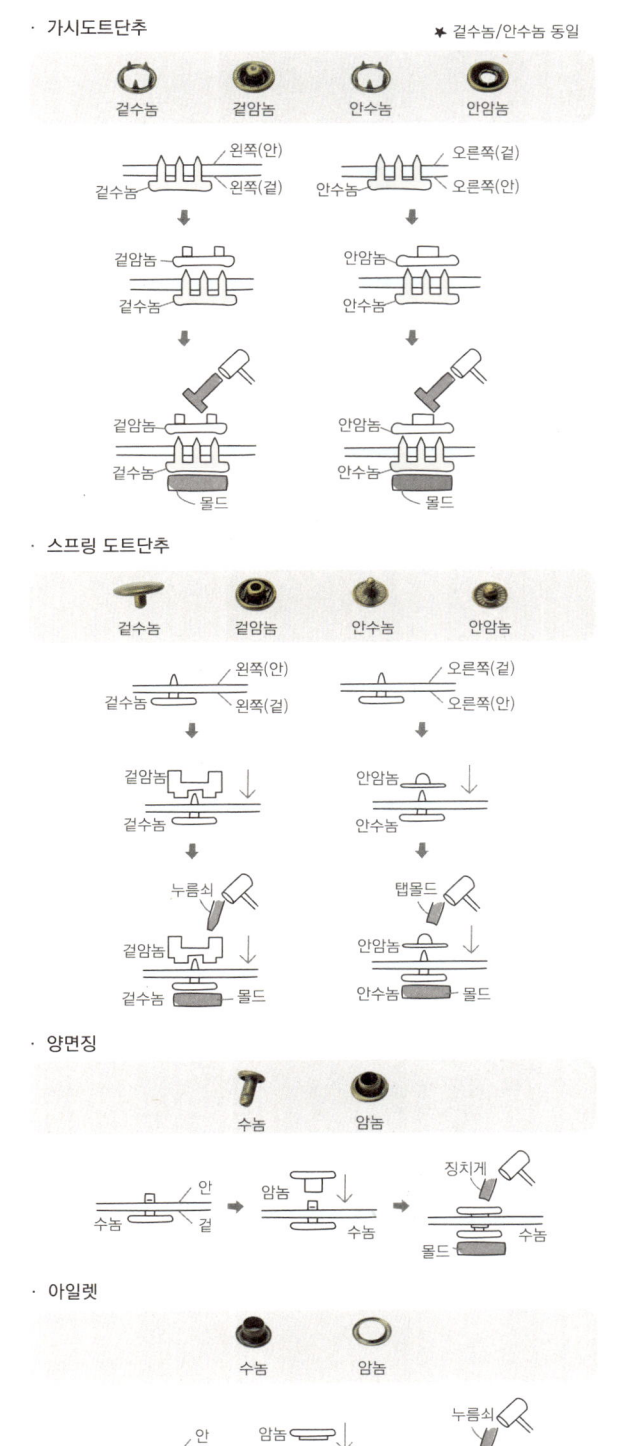

· 가시도트단추   ★ 겉수놈/안수놈 동일
겉수놈 · 겉암놈 · 안수놈 · 안암놈

· 스프링 도트단추
겉수놈 · 겉암놈 · 안수놈 · 안암놈

· 양면징
수놈 · 암놈

· 아일렛
수놈 · 암놈

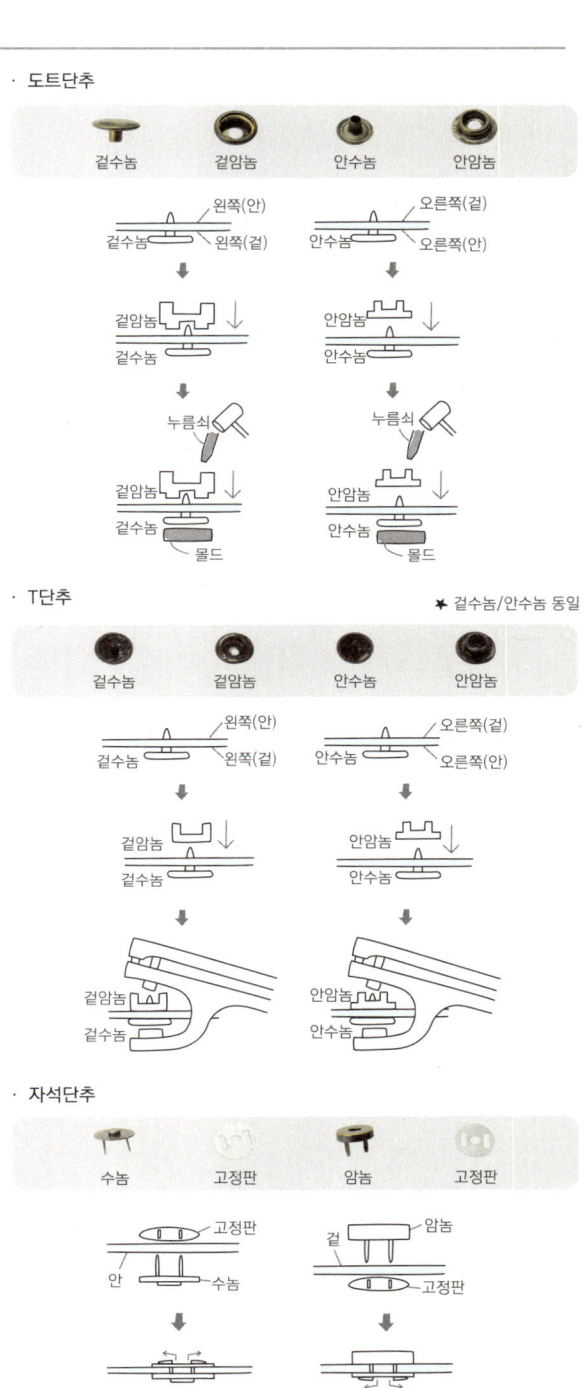

· 도트단추
겉수놈 · 겉암놈 · 안수놈 · 안암놈

· T단추   ★ 겉수놈/안수놈 동일
겉수놈 · 겉암놈 · 안수놈 · 안암놈

· 자석단추
수놈 · 고정판 · 암놈 · 고정판
밖으로 꺾어 눌러준다   밖으로 꺾어 눌러준다

How to make

일러스트 제작 설명서

설명서에 표기된 재단배치도의 요척과 재료의 양은 가장 큰 사이즈의 패턴을 기준으로 작성되어 있습니다. 다른 사이즈의 패턴 재단 시 약간의 차이가 있을 수 있습니다.

스트링 파우치 A

P.28 / No.01 재단배치도를 참고하여 직접 재단합니다

완 성 사 이 즈
15cm × 18.5cm (끈 제외)

재 료
겉몸판감 17cm × 36cm
안몸판감 17cm × 42cm
둥근 면끈 100cm

만 드 는 방 법
1 몸판을 만든다
2 끈을 끼운다

재 단 배 치 도

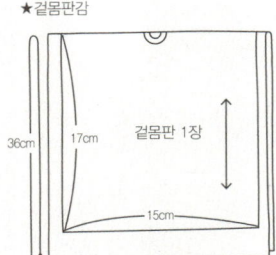

★ 겉몸판감

36cm 17cm 겉몸판 1장
15cm
17cm

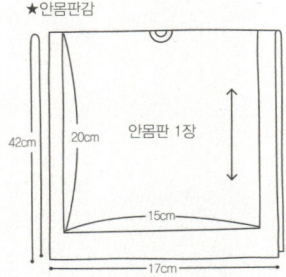

★ 안몸판감

42cm 20cm 안몸판 1장
15cm
17cm

※ 1cm의 시접으로 재단합니다

1 몸판을 만든다

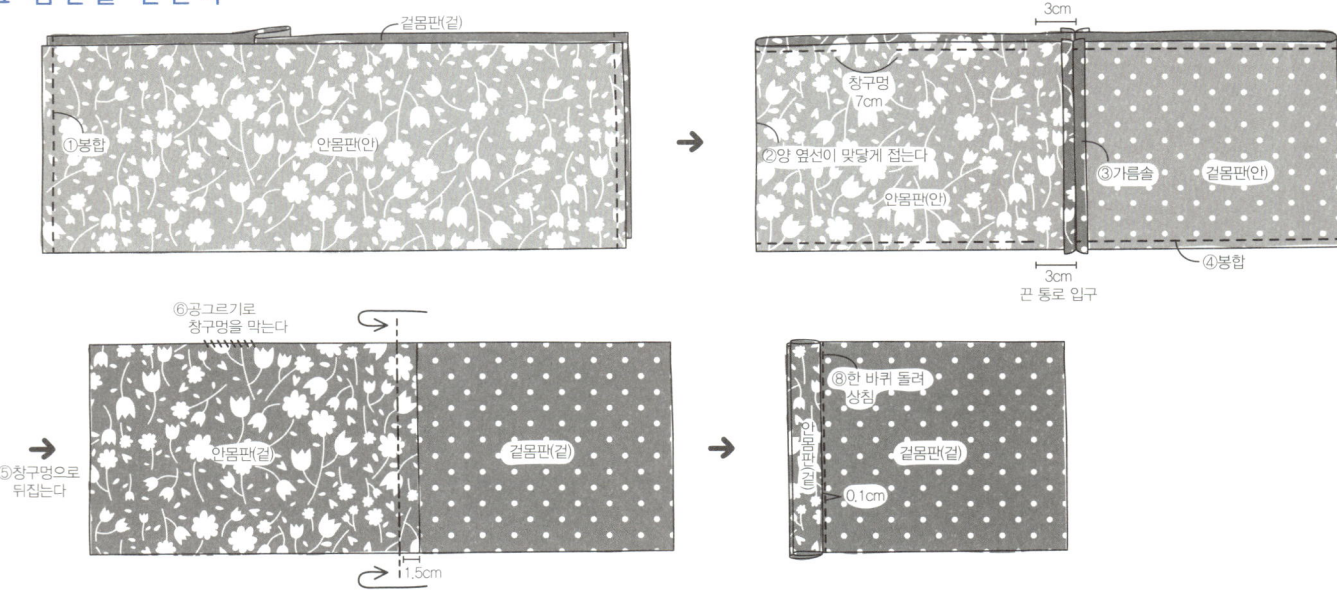

①봉합 안몸판(안) 겉몸판(겉)

3cm
창구멍 7cm ②양 옆선이 맞닿게 접는다 안몸판(안) ③가름솔 겉몸판(안) ④봉합
3cm
끈 통로 입구

⑥공그르기로 창구멍을 막는다
⑤창구멍으로 뒤집는다 안몸판(겉) 겉몸판(겉)
1.5cm
⑦안몸판을 겉몸판 안쪽으로 접어 넣는다

⑧한 바퀴 돌려 상침 안몸판(겉) 겉몸판(겉) 0.1cm

2 끈을 끼운다

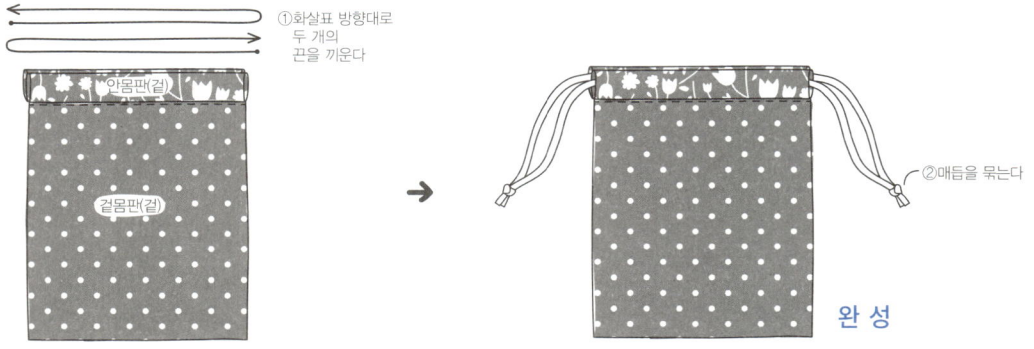

①화살표 방향대로 두 개의 끈을 끼운다

안몸판(겉)
겉몸판(겉)

②매듭을 묶는다

완 성

스트링 파우치 B

P.28 / No.02   재단배치도를 참고하여 직접 재단합니다

완 성 사 이 즈
14cm × 18.5cm (끈 제외)

재 료
몸판감 18cm × 50cm
둥근 면끈 100cm

만 드 는 방 법
1 몸판을 만든다
2 끈 통로를 만들고 끈을 끼운다

재 단 배 치 도
★몸판감

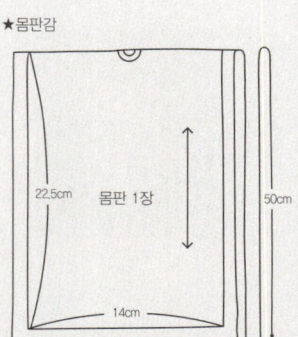

22.5cm 몸판 1장   50cm

14cm

18cm

※1cm의 시접으로 재단합니다

1 몸판을 만든다

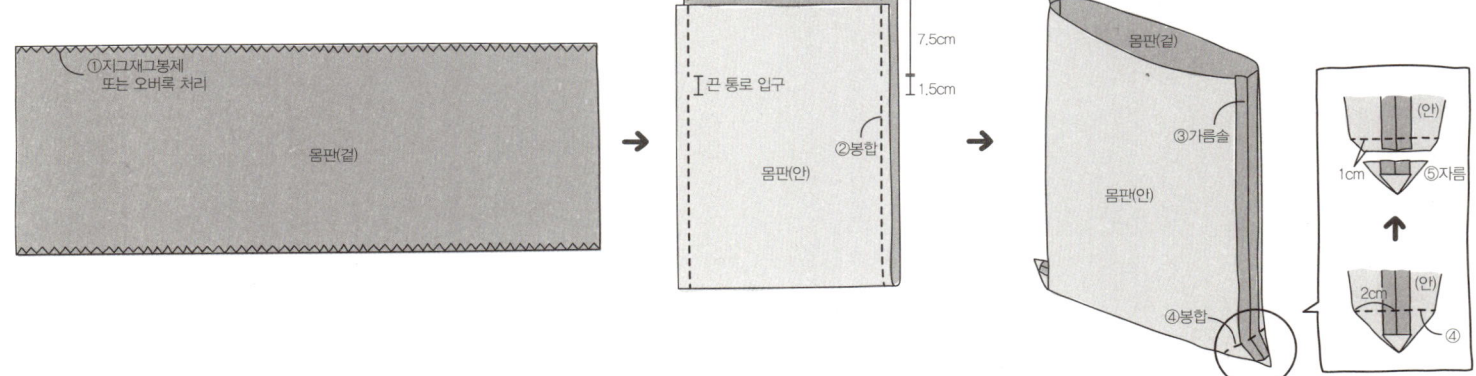

2 끈 통로를 만들고 끈을 끼운다

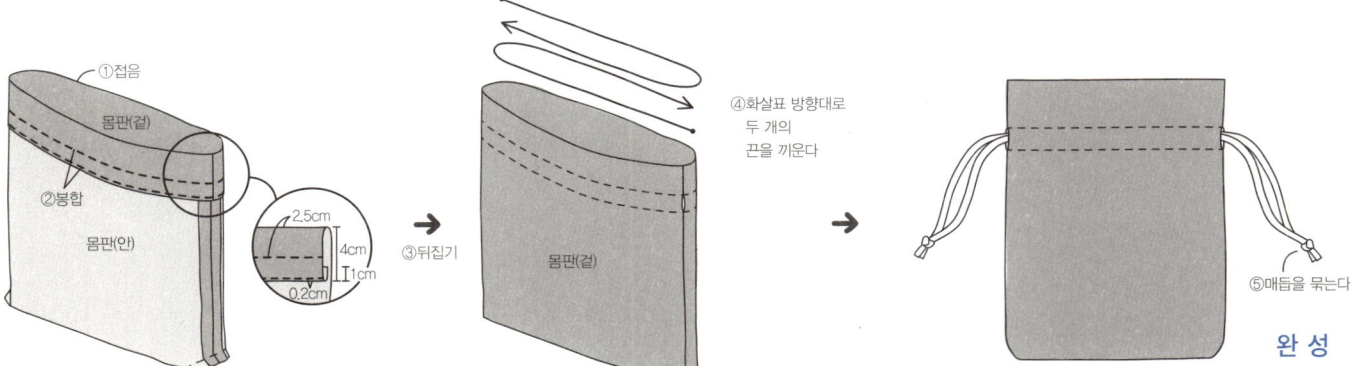

완 성

스트링 파우치 C

P.28 / No.03   재단배치도를 참고하여 직접 재단합니다

완 성 사 이 즈
15cm×15cm (끈 제외)

재 료
몸판감 20cm×45cm
둥근 면끈 100cm

만 드 는 방 법
1 몸판을 만든다
2 끈 통로를 만들고 끈을 끼운다

재 단 배 치 도

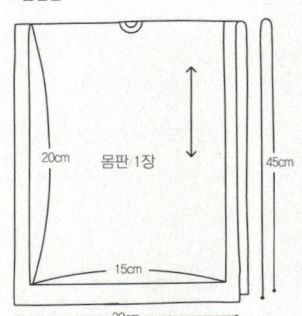

★몸판감

몸판 1장
20cm
15cm
20cm
45cm

※1cm의 시접으로 재단합니다

1 몸판을 만든다

①지그재그봉제
또는 오버록 처리

몸판(겉)

2.5cm
1.5cm 끈 통로 입구

몸판(안)   ③봉합

(안)

1.5cm

②그림처럼 접는다

2 끈 통로를 만들고 끈을 끼운다

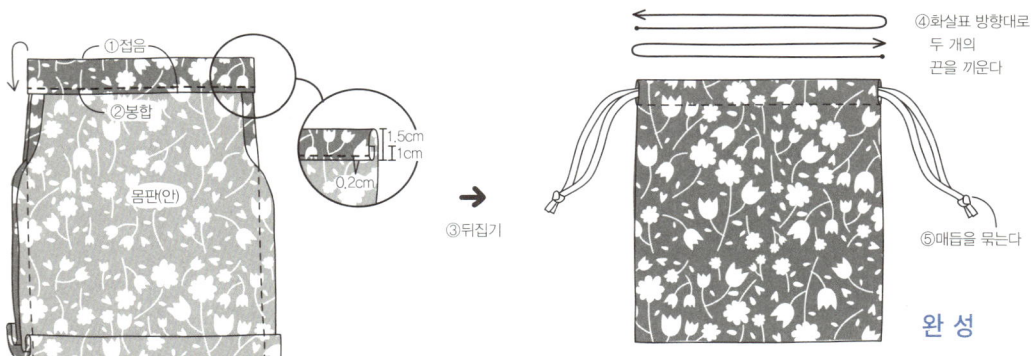

①접음
②봉합

몸판(안)

1.5cm
1cm
0.2cm

③뒤집기

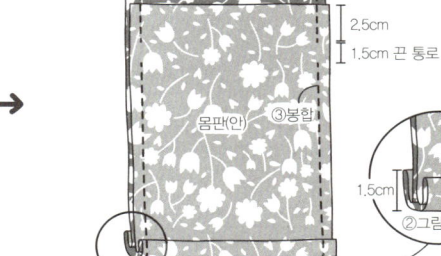

④화살표 방향대로
두 개의
끈을 끼운다

⑤매듭을 묶는다

완 성

바 란 스

재단배치도를 참고하여 직접 재단합니다

완 성 사 이 즈
60cm×46cm

재 료
몸판감 65cm×45cm
배색감 65cm×35cm

만 드 는 방 법
1 끈을 만든다
2 몸판을 만든다
3 위판을 만든다
4 위판과 몸판을 연결한다

재 단 배 치 도

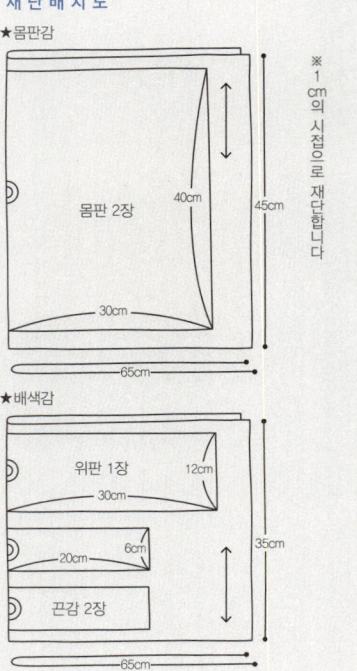

★몸판감
몸판 2장
40cm
45cm
30cm
65cm
※1cm의 시접으로 재단합니다

★배색감
위판 1장
30cm
12cm
20cm
6cm
끈감 2장
35cm
65cm

1 끈 을 만 든 다

②겉끼리 맞닿게 반으로 접음 ①접음
끈(안) ③봉합
④자름
→ ⑤뒤집기
끈(겉) ⑥상침 0.2cm
※같은 방법으로 한 장 더 만든다

2 몸 판 을 만 든 다

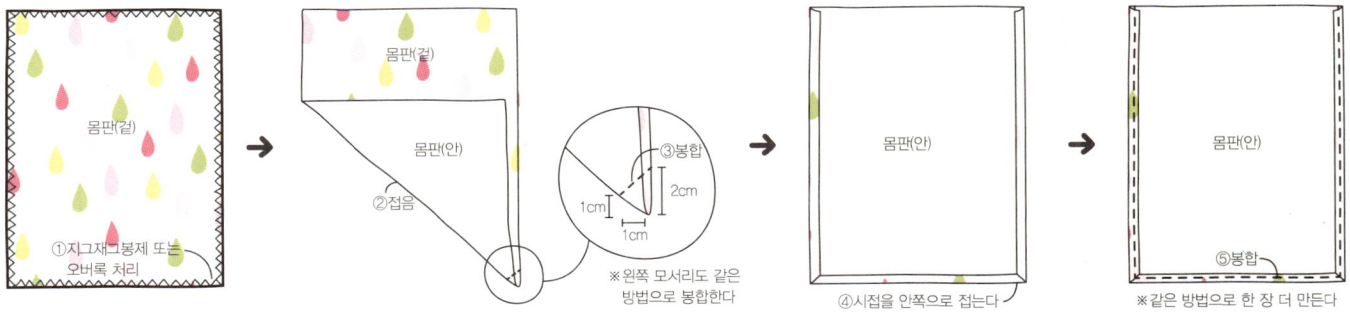

몸판(겉)
①지그재그봉제 또는 오버록 처리
몸판(겉)
몸판(안)
②접음
③봉합 2cm
1cm 1cm
※왼쪽 모서리도 같은 방법으로 봉합한다
몸판(안)
④시접을 안쪽으로 접는다
몸판(안)
⑤봉합
※같은 방법으로 한 장 더 만든다

3 위 판 을 만 든 다

위판(겉)
①지그재그봉제 또는 오버록 처리
②접음
위판(안)
0.5cm ②접음
③봉합
④접음
위판(안)
⑤안끼리 맞닿게 반으로 접음

4 위 판 과 몸 판 을 연 결 한 다

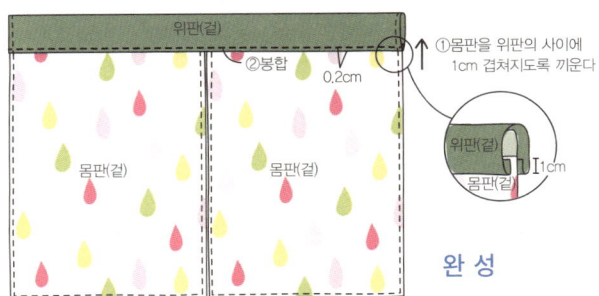

위판(겉)
②봉합 0.2cm
몸판(겉) 몸판(겉)
①몸판을 위판의 사이에 1cm 겹쳐지도록 끼운다
위판(겉)
몸판(겉) 1cm

완 성

쿠 션 커 버

P.32 / No.05　　재단배치도를 참고하여 직접 재단합니다

완 성 사 이 즈
40cm×83cm (끈 제외)

재 료
겉몸판감 45cm×90cm
안몸판감 · 끈감 55cm×90cm

만 드 는 방 법
1 끈을 만든다
2 몸판을 만들고 끈을 단다

재 단 배 치 도

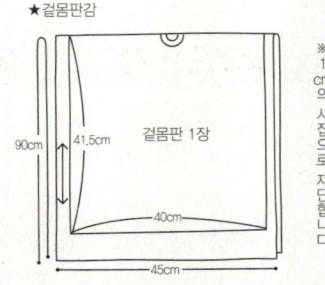

★겉몸판감

90cm　41.5cm　겉몸판 1장　40cm　45cm

※1cm의 시접으로 재단합니다

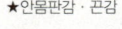
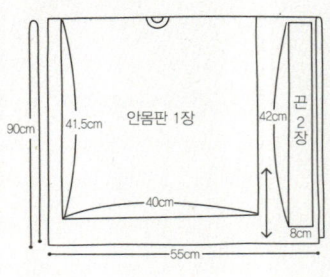

★안몸판감 · 끈감

90cm　41.5cm　안몸판 1장　40cm　55cm　끈 2장　42cm　8cm

1 끈 을 만 든 다

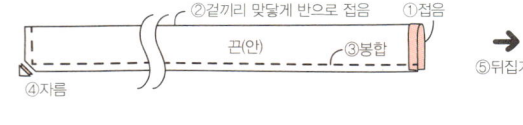

②겉끼리 맞닿게 반으로 접음　①접음
끈(안)　③봉합
④자름
⑤뒤집기

끈(겉)
A　B

※같은 방법으로 세 개 더 만든다

2 몸 판 을 만 들 고 끈 을 단 다

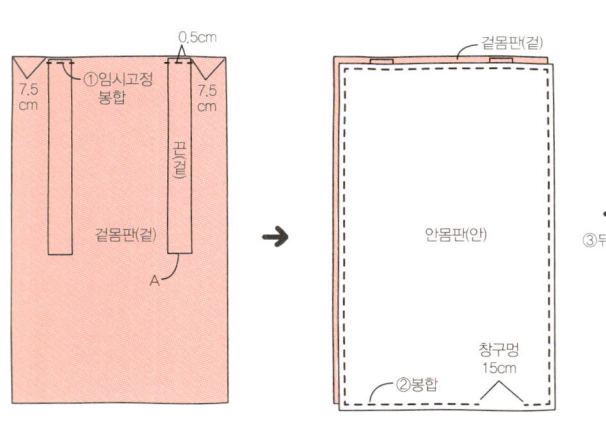

0.5cm
7.5cm　①임시고정 봉합　7.5cm
끈(겉)
겉몸판(겉)
A

→

겉몸판(겉)
안몸판(안)
③뒤집기
②봉합
창구멍 15cm

겉몸판(겉)
④창구멍 봉합　0.2cm

→

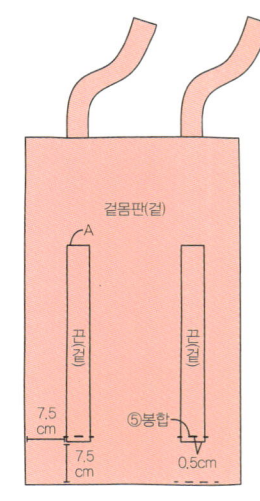

겉몸판(겉)
A
끈(겉)　끈(겉)
7.5cm　7.5cm
⑤봉합　0.5cm

→

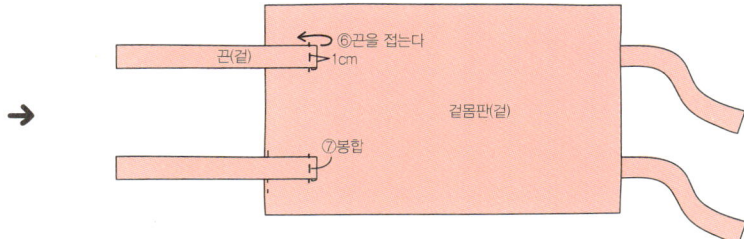

끈(겉)
⑥끈을 접는다
1cm
겉몸판(겉)
⑦봉합

완 성

여아 스커트

P.34 / No.06　실물크기 패턴 B면

완 성 사 이 즈
90 · 100 · 110 · 120

재 료
스커트감 60cm×60cm
1.5cm폭 고무줄 45/47/49/51cm

만 드 는 방 법
1 스커트를 만든다
2 스커트의 밑단을 정리한다
3 허릿단을 만든다
4 허릿단에 고무줄을 넣는다

재 단 배 치 도

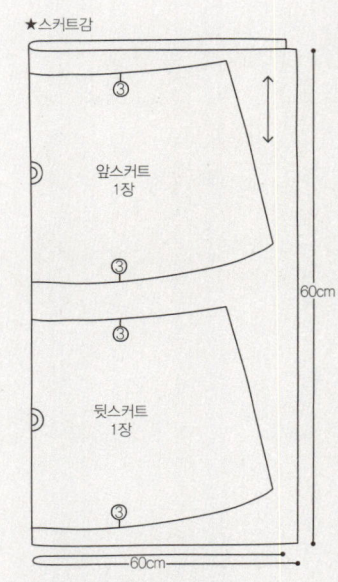

★스커트감

앞스커트
1장

뒷스커트
1장

60cm

60cm

※ O안의 숫자는 시접양입니다.
　숫자가 없는 곳은 1cm의 시접으로 재단합니다

1 스커트를 만든다

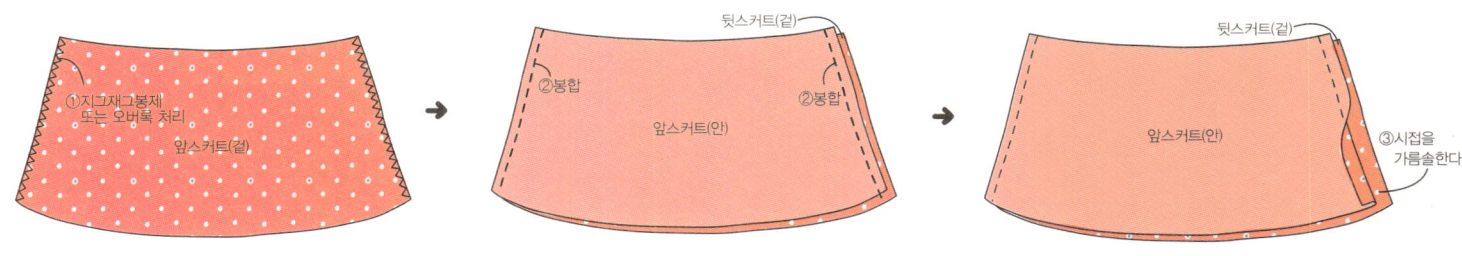

①지그재그봉제
또는 오버록 처리
앞스커트(겉)

뒷스커트(겉)
②봉합　앞스커트(안)　②봉합

뒷스커트(겉)
앞스커트(안)　③시접을
가름솔한다

※뒷스커트도 같은 방법으로 양 옆선을 처리한다

2 스커트의 밑단을 정리한다

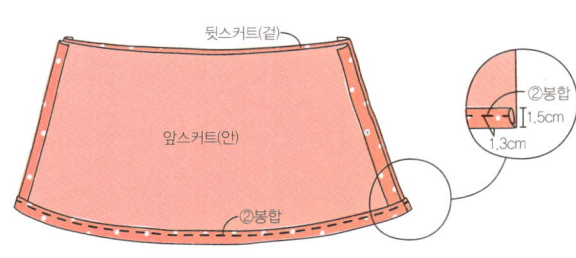

뒷스커트(겉)
앞스커트(안)
②봉합

②봉합
1.5cm
1.3cm

①밑단을 1.5cm폭으로 두 번 접는다

3 허릿단을 만든다

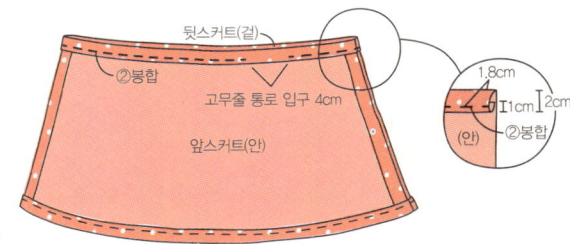

뒷스커트(겉)
②봉합
고무줄 통로 입구 4cm
앞스커트(안)

1.8cm
1cm 2cm
(안)
②봉합

①허릿단을 1cm / 2cm 폭으로 두 번 접는다

4 허릿단에 고무줄을 넣는다

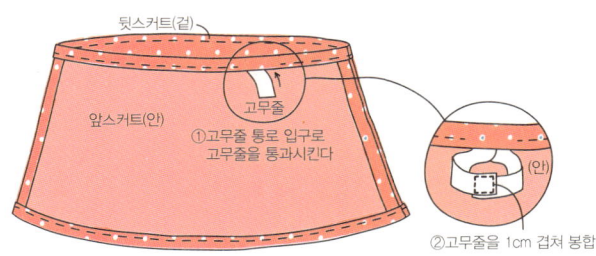

뒷스커트(겉)
고무줄
앞스커트(안)
①고무줄 통로 입구로
고무줄을 통과시킨다
(안)
②고무줄을 1cm 겹쳐 봉합

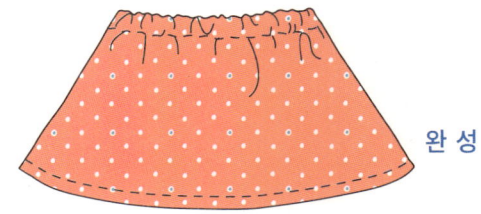

완 성

앞 치 마

P.36 / No.07　　재단배치도를 참고하여 직접 재단합니다

완 성 사 이 즈
78cm×47cm

재 료
몸판감 80cm×44cm
끈감 126cm×10cm
주머니감 15cm×22cm
1.27cm폭 바이어스테이프 15cm

만 드 는 방 법
1 몸판의 시접을 정리한다
2 주머니를 만든다
3 몸판에 주머니를 단다
4 끈을 만든다
5 몸판에 끈을 단다

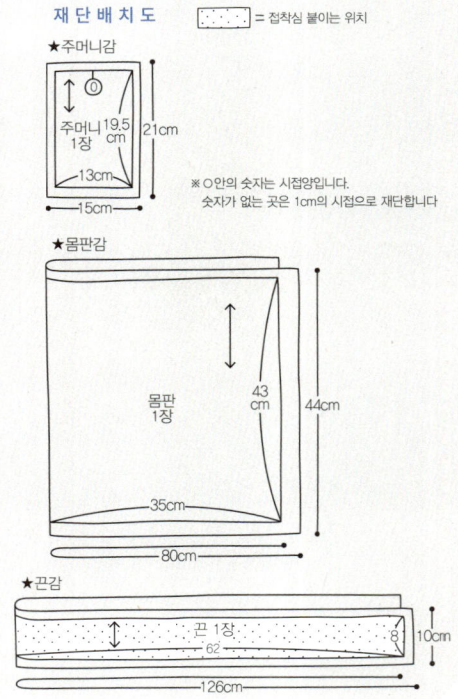

재 단 배 치 도　　: = 접착심 붙이는 위치

★주머니감
주머니 1장
19.5cm　21cm　13cm　15cm

※○안의 숫자는 시접양입니다.
　숫자가 없는 곳은 1cm의 시접으로 재단합니다

★몸판감
몸판 1장
43cm　44cm　35cm　80cm

★끈감
끈 1장　10cm　62　126cm

1 몸판의 시접을 정리한다

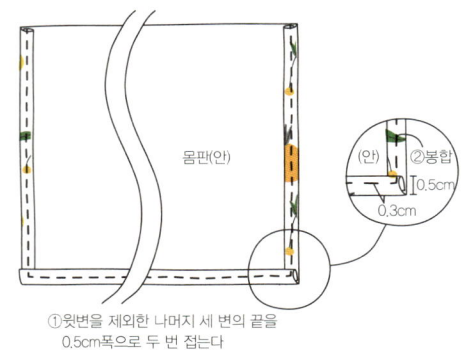

몸판(안)
(안)　②봉합　0.5cm　0.3cm

①윗변을 제외한 나머지 세 변의 끝을
0.5cm폭으로 두 번 접는다

2 주머니를 만든다

주머니(겉)
①지그재그봉제
또는 오버록 처리

②바이어스 처리
(P.23참고)
주머니(겉)

주머니(안)
③시접을 안쪽으로 접는다

3 몸판에 주머니를 단다

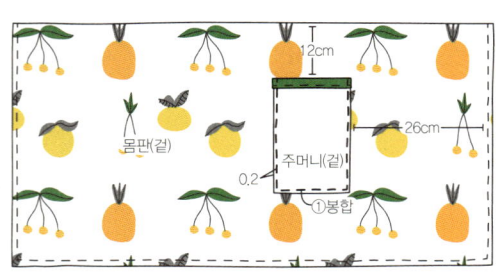

12cm
26cm
몸판(겉)
주머니(겉)
0.2
①봉합

4 끈을 만든다

②겉끼리 맞닿게 반으로 접음
끈(안)　③봉합
①접음　끈(겉)
④뒤집기
끈(겉)

5 몸판에 끈을 단다

①끈 사이에
몸판을 끼운다
②봉합　0.2　27cm
몸판(겉)

완 성

테트리스 쿠션

P.40 / No.08 실물크기 패턴 A면

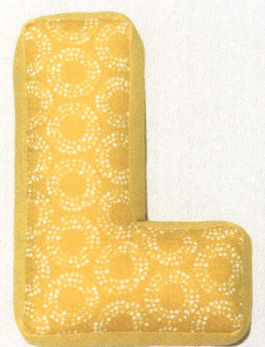

완 성 사 이 즈
L:20cm×30cm / ⌐:20cm×30cm
⌐:20cm×30cm / □:20cm×20cm
I:10cm×40cm

재 료
몸판 ,옆판 재단배치도 참고
방울솜

만 드 는 방 법
1 옆판 두 장을 연결한다
2 몸판 한 장과 옆판을 연결한다
3 나머지 한 장의 몸판을 연결한다
4 겉으로 뒤집어 솜을 넣는다

재 단 배 치 도 [:::] = 접착심 붙이는 위치

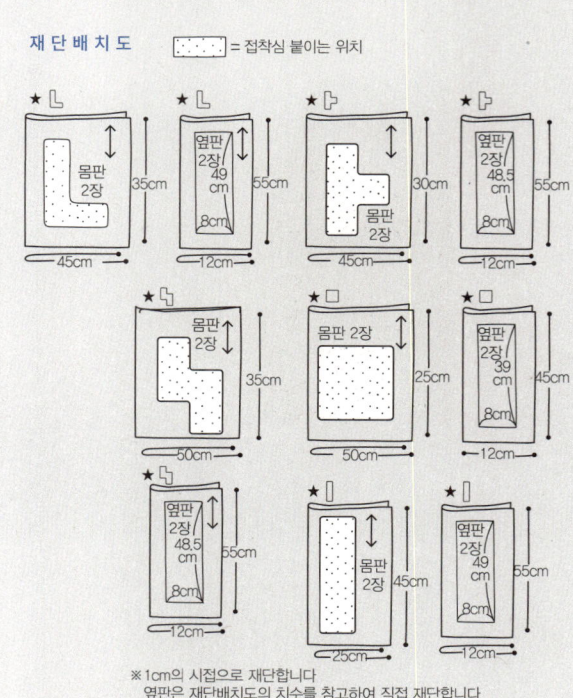

※1cm의 시접으로 재단합니다
옆판은 재단배치도의 치수를 참고하여 직접 재단합니다

1 옆 판 두 장 을 연 결 한 다

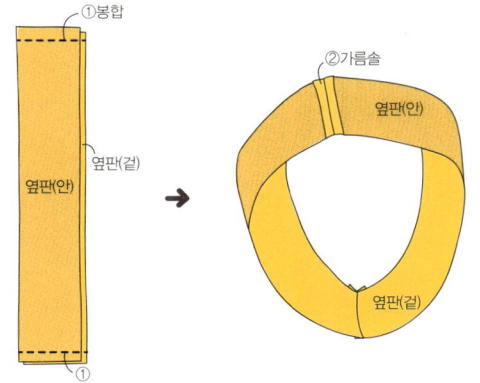

2 몸 판 한 장 과 옆 판 을 연 결 한 다

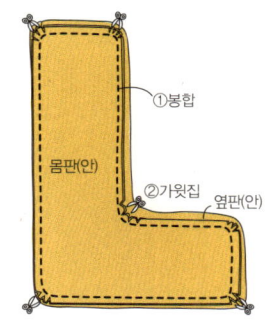

3 나 머 지 한 장 의 몸 판 을 연 결 한 다

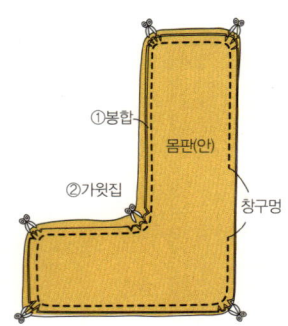

4 겉 으 로 뒤 집 어 솜 을 넣 는 다

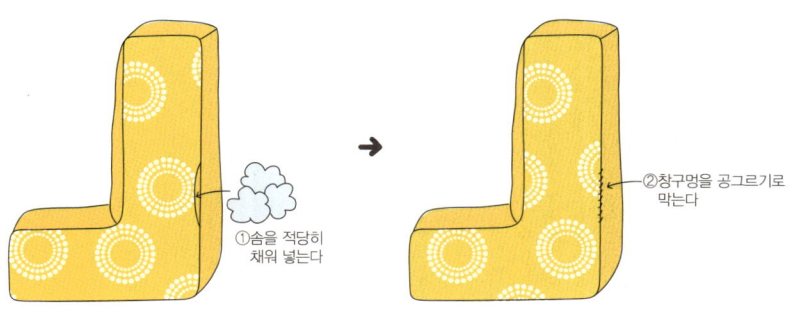

완 성

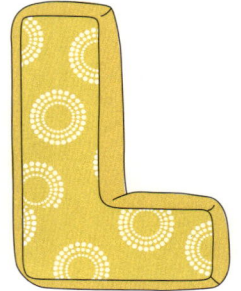

남 자 가 방

P.42 / No.09   실물크기 패턴 A면

완성사이즈
39cm×43cm(끈 제외)

재료
몸판감　45cm×95cm
가방끈감 (A) 45cm×15cm
　　　　 (B) 50cm×15cm
주머니용 펠트 25cm×30cm

만드는 방법
1 주머니를 만들어 단다
2 몸판을 만든다
3 가방끈을 만든다
4 몸판과 가방끈을 연결한다
5 가방 모서리를 상침한다

재단배치도

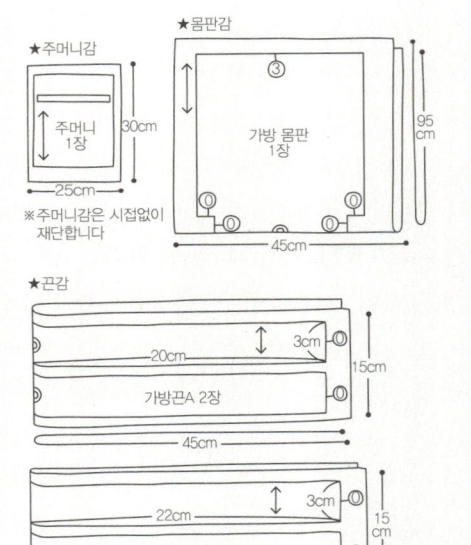

★주머니감
주머니 1장
25cm
★몸판감
몸판감
가방 몸판 1장
③
30cm
95cm
45cm
※주머니감은 시접없이 재단합니다

★끈감
20cm
3cm
15cm
가방끈A 2장
45cm

22cm
3cm
15cm
가방끈B 2장
50cm

★○안의 숫자는 시접양입니다.
숫자가 없는 곳은 1cm의 시접으로 재단합니다

---

1 주머니를 만들어 단다

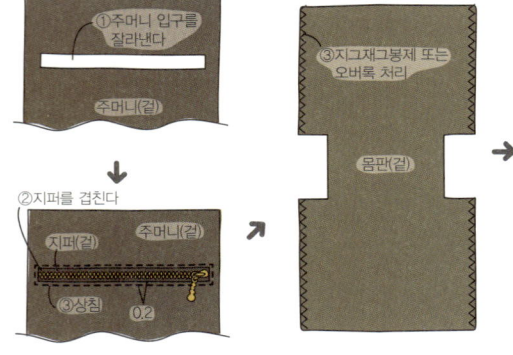

①주머니 입구를 잘라낸다
주머니(겉)
②지퍼를 겹친다
지퍼(겉) 주머니(겉)
③상침 0.2
③지그재그봉제 또는 오버록 처리
몸판(겉)
0.2
주머니(겉)
앞판(겉) ④상침

2 몸판을 만든다

①폭
②가름솔 한다
뒤판(안)
①
앞판(겉)
④지그재그 봉합 또는 오버록 통솔처리
※반대쪽도 같은 방법으로 만든다
⑥상침 뒤판(겉)
0.2
②
①
⑤가방입구를 두 번 접는다
뒤판(안)
③폭
⑦뒤집기

---

3 가방끈을 만든다

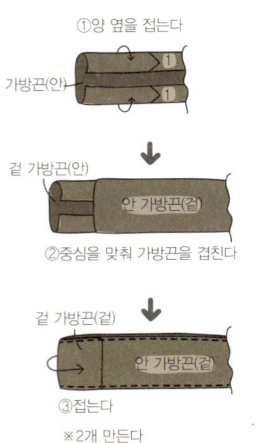

①양 옆을 접는다
가방끈(안)
겉 가방끈(안)
안 가방끈(겉)
②중심을 맞춰 가방끈을 겹친다
겉 가방끈(겉)
안 가방끈(겉)
③접는다
※2개 만든다

4 몸판과 가방끈을 연결한다

가방끈(겉)
몸판(겉)
③상침(ㄷ모양)
②상침
0.2
①상침
(뒤쪽 가방끈도 같은 방법)
※나머지 부분도 같은 방법으로 상침한다

5 가방 모서리를 상침한다

①상침
①
0.2
몸판(겉)
주머니(겉)
①
②상침
0.2
③상침
0.2

완성

90

에코백

완 성 사 이 즈
38cm × 33cm(끈 제외)

재 료
몸판감 45cm × 90cm
안감심지 40cm × 90cm
가방끈감 (A) 50cm × 12cm
　　　　　 (B) 55cm × 12cm

만 드 는 방 법
1 몸단을 만든다
2 가방끈을 만든다
3 몸단과 가방끈을 연결한다

재 단 배 치 도　[⋯⋯] = 접착심 붙이는 위치

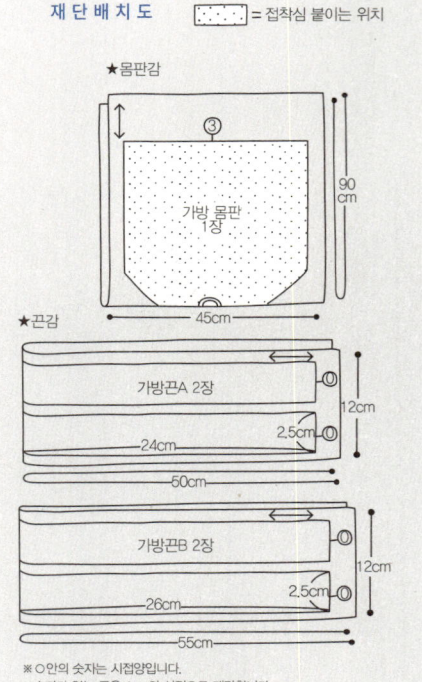

★몸판감

③
가방 몸판
1장
90cm
45cm

★끈감

가방끈A 2장　12cm　2.5cm
24cm
50cm

가방끈B 2장　12cm　2.5cm
26cm
55cm

※○안의 숫자는 시접양입니다.
숫자가 없는 곳은 1cm의 시접으로 재단합니다

1 몸판을 만든다

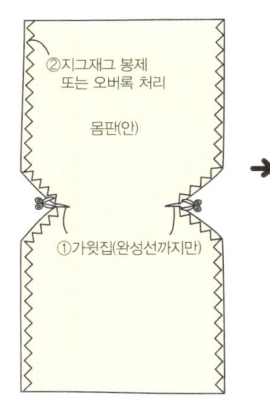

②지그재그 봉제
또는 오버록 처리
몸판(안)
①가윗집(완성선까지만)

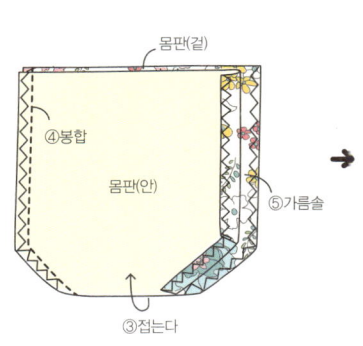

몸판(겉)
④봉합
몸판(안)
⑤가름솔
③접는다

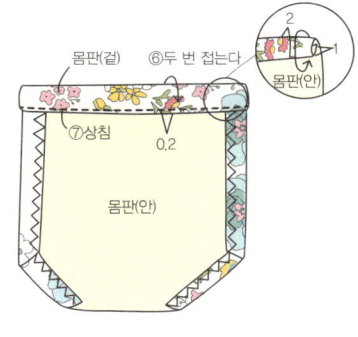

몸판(겉)　⑥두 번 접는다
⑦상침
0.2
몸판(안)
몸판(안)

2 가방끈을 만든다

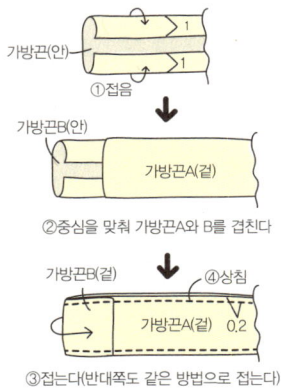

가방끈(안)
①접음

가방끈B(안)
가방끈A(겉)
②중심을 맞춰 가방끈A와 B를 겹친다

가방끈B(겉)
④상침
가방끈A(겉)
0.2
③접는다(반대쪽도 같은 방법으로 접는다)

※같은 방법으로 한 개 더 만든다

3 몸판과 가방끈을 연결한다

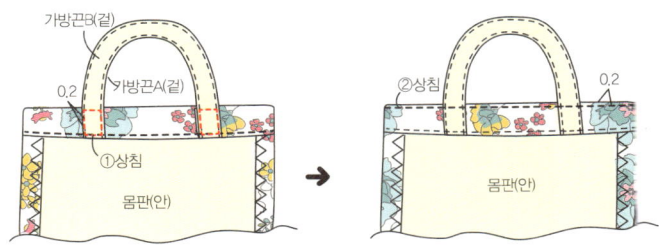

가방끈B(겉)
0.2　가방끈A(겉)
①상침
몸판(안)

②상침　0.2
몸판(안)

※반대쪽 가방끈도 같은 방법으로 단다

완 성

파우치

P.44 / No.11 실물크기 패턴 B면

완 성 사 이 즈
10cm×10cm(끈 제외)

재 료
뚜껑감 (겉) 15cm×15cm / (안) 15cm×15cm
바닥감 (겉) 13cm×13cm / (안) 13cm×13cm
끈감 28cm×6cm
접착솜 18cm×15cm
지름 11mm T단추 1쌍
20cm 지퍼 1개

만 드 는 방 법
1 뚜껑을 만든다
2 끈을 만든다
3 뚜껑과 바닥, 끈을 연결한다

재 단 배 치 도   .....= 접착솜 붙이는 위치

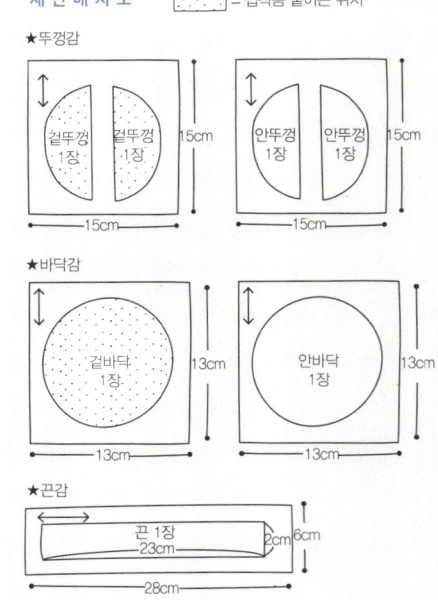

★뚜껑감
| 겉뚜껑 1장 | 겉뚜껑 1장 | 15cm |
15cm
| 안뚜껑 1장 | 안뚜껑 1장 | 15cm |
15cm

★바닥감
겉바닥 1장 — 13cm — 13cm
안바닥 1장 — 13cm — 13cm

★끈감
끈 1장 23cm 2cm 6cm
28cm

★1cm의 시접으로 재단합니다
뚜껑, 바닥감은 겉감만 접착솜을 붙입니다

---

1 뚜껑을 만든다

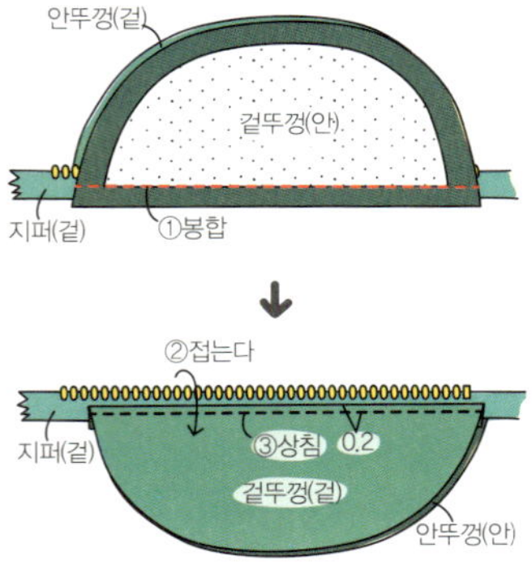

안뚜껑(겉)
겉뚜껑(안)
지퍼(겉)
①봉합

②접는다
지퍼(겉)
③상침 0.2
겉뚜껑(겉)
안뚜껑(안)

※반대쪽도 같은 방법으로 만든다

2 끈을 만든다

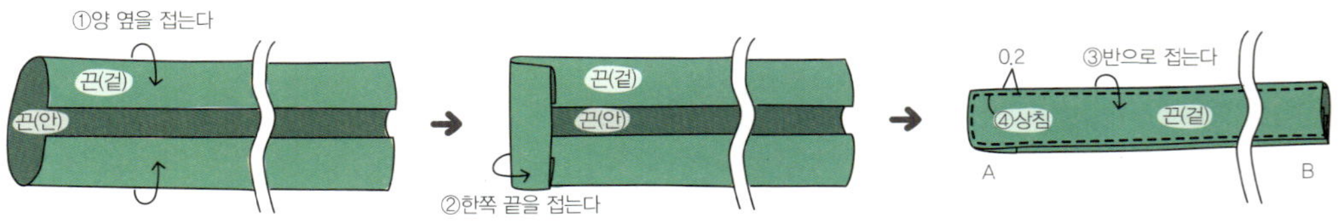

①양 옆을 접는다
끈(겉)
끈(안)
②한쪽 끝을 접는다

③반으로 접는다
0.2
끈(겉)
④상침
끈(겉)
A   B

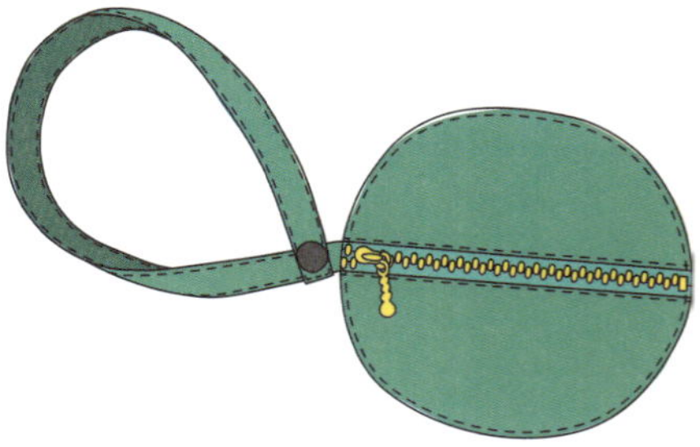

3 뚜껑과 바닥, 끈을 연결한다

겉바닥(겉)
0.5
①임시고정 봉합
안바닥(안)

B
②봉합
안뚜껑(겉)
겉바닥(겉)
끈(겉)
A

③지퍼와 시접을 짧게 자른다
0.2
안뚜껑(겉)
끈(겉)
④뒤집기

완 성

⑥T단추(凹)
⑤상침
0.2
끈(겉)
⑥T단추(凸)
(P.79참고)
겉뚜껑(겉)

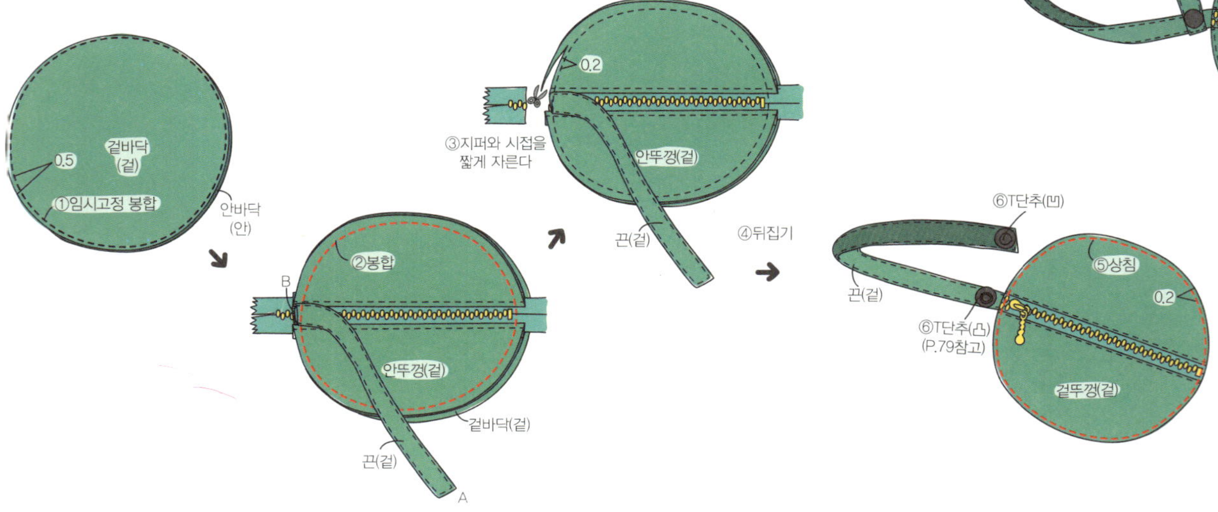

아동 가방

P.46 / No.12,13 실물크기 패턴 B면

완 성 사 이 즈
no.12 별가방 : 15cm×15cm(끈 제외)
no.13 하트가방 : 15cm×12cm(끈제외)

재 료
별가방 (겉) 40cm×20cm / (안) 40cm×20cm
하트가방 (겉) 40cm×15cm / (안) 40cm×15cm
접착심 40cm×20cm
어깨끈감 100cm×6cm

만 드 는 방 법
1 몸판을 만든다
2 어깨끈을 만든다
3 겉·안몸판과 끈을 연결한다

재 단 배 치 도   :::::: = 접착솜 붙이는 위치

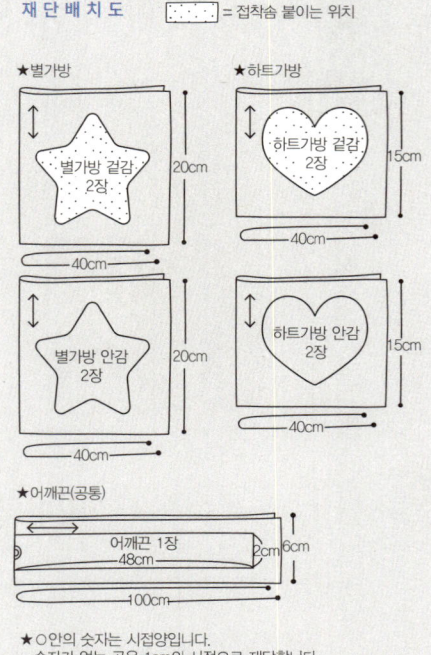

★○안의 숫자는 시접양입니다.
　숫자가 없는 곳은 1cm의 시접으로 재단합니다
　어깨끈 길이는 두 가방에 동일하게 사용합니다

1 몸판을 만든다

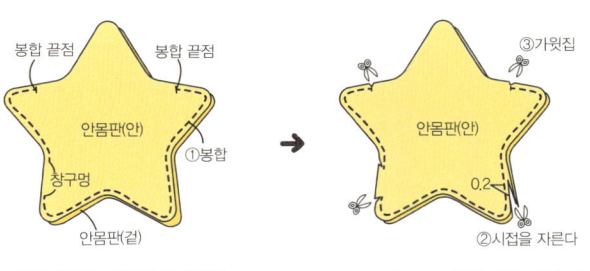

※패턴의 끈달리는 위치까지 봉합한다

※겉몸판도 안몸판과 같은 방법으로 만든다
　(단, 창구멍은 남기지 않는다)

2 어깨끈을 만든다

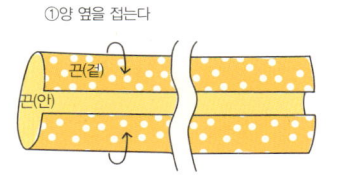

①양 옆을 접는다

②반으로 접는다
③상침

완 성

3 겉·안몸판과 끈을 연결한다

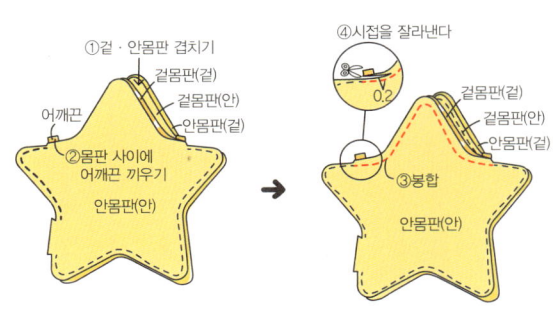

①겉·안몸판 겹치기
어깨끈
②몸판 사이에 어깨끈 끼우기
안몸판(안)

④시접을 잘라낸다
③봉합
겉몸판(겉)
겉몸판(안)
안몸판(겉)

※반대쪽도 같은 방법으로 만든다

⑤뒤집기

겉몸판(겉)
안몸판(겉)
창구멍
⑥공그리기

겉몸판(겉)

★하트가방도 별가방과 같은 방법으로 만듭니다
가방 입구에 단추를 달아도 좋습니다

남 자 파 자 마

P.48 / No.14　실물크기 패턴 A면

완 성 사 이 즈
S · M · L · XL

재 료
바지감 190cm×165cm
2.5cm폭 고무줄 70/73/76/79cm

만 드 는 방 법
1 주머니를 만든다
2 바지를 만든다
3 바지를 연결한다
4 허리밴드를 만든다
5 밑단을 정리한다
6 바지와 허리밴드를 연결하고 고무줄을 통과
　시킨다

재 단 배 치 도

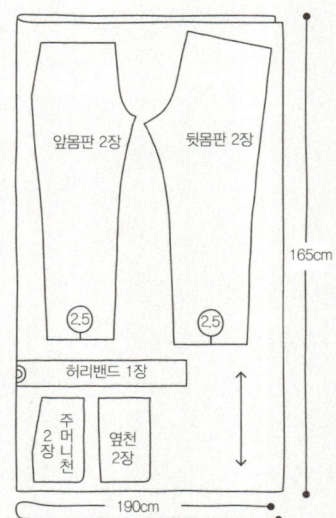

165cm

앞몸판 2장　　뒷몸판 2장

②.5　　②.5

허리밴드 1장

주머니천 2장　옆천 2장

190cm

★ ○안의 숫자는 시접양입니다.
　숫자가 없는 곳은 1cm의 시접으로 재단합니다

1 주 머 니 를 만 든 다

2 바 지 를 만 든 다

3 바 지 를 연 결 한 다

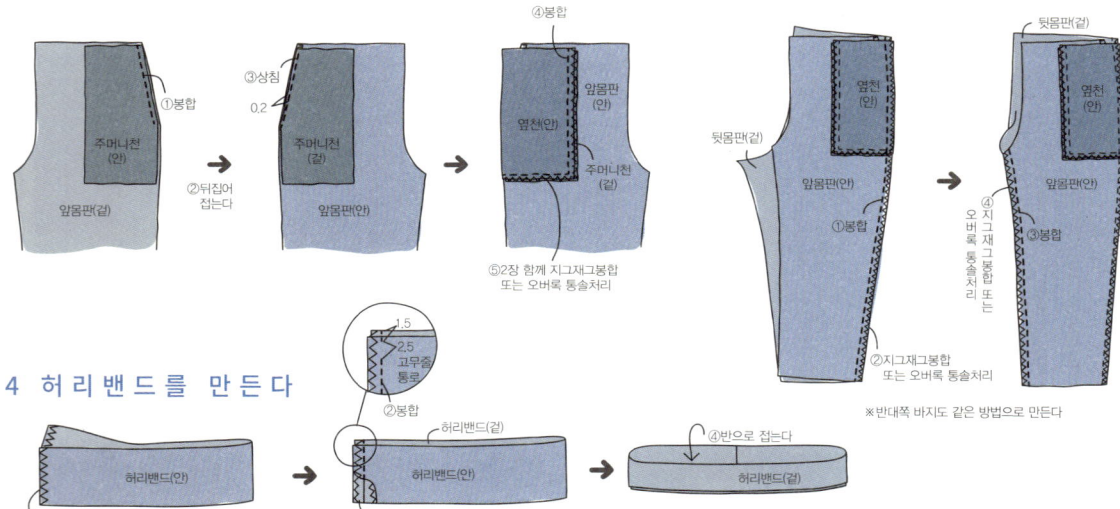

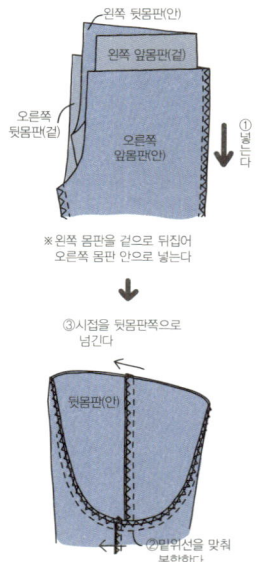

4 허 리 밴 드 를 만 든 다

5 밑 단 을 정 리 한 다

6 바 지 와 허 리 밴 드 를 연 결 하 고
고 무 줄 을 통 과 시 킨 다

완 성

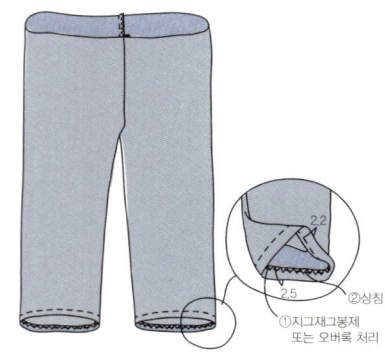

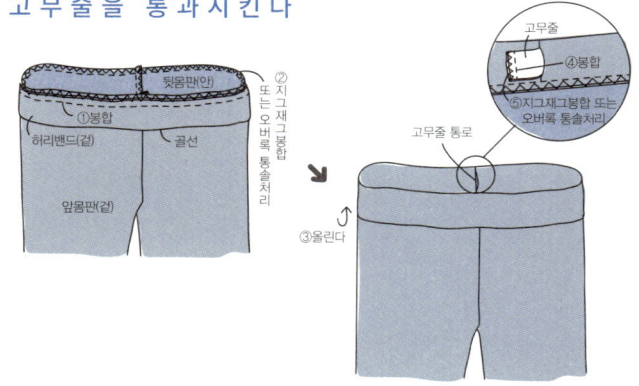

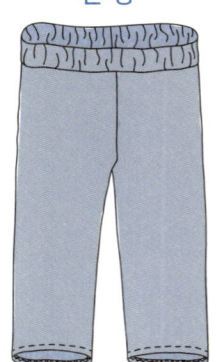

아동 · 성인 원피스

P.50 / No.15,16 실물크기 패턴 B/A면

완성사이즈
no.15 아동 원피스 : 90 · 100 · 110 · 120
no.16 성인 원피스 : S · M · L · XL

재료
아동 원피스 몸판감 86cm×45cm
　　　　　　스커트감 96cm×60cm
성인 원피스 몸판감 130cm×65cm
　　　　　　스커트감 104cm×87cm
공통 1cm폭 바이어스테이프 각 1팩

만드는 방법
1 몸판을 만든다
2 스커트를 만든다
3 몸판과 스커트를 연결한다

재단배치도

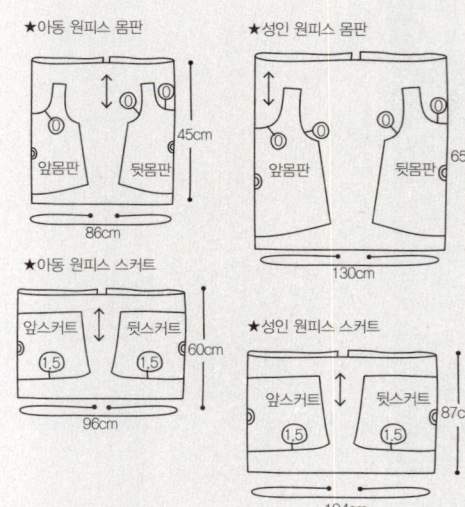

★아동 원피스 몸판
앞몸판 뒷몸판
45cm
86cm

★성인 원피스 몸판
앞몸판 뒷몸판
65cm
130cm

★아동 원피스 스커트
앞스커트 1.5 뒷스커트 1.5
60cm
96cm

★성인 원피스 스커트
앞스커트 1.5 뒷스커트 1.5
87cm
104cm

※ ○안의 숫자는 시접양입니다.
숫자가 없는 곳은 1cm의 시접으로 재단합니다

1 몸판을 만든다

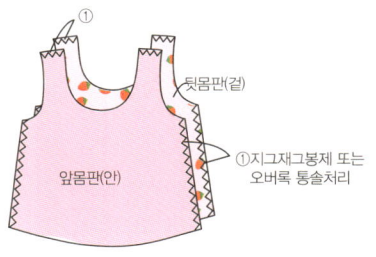

①
뒷몸판(겉)
①지그재그봉제 또는
오버록 통솔처리
앞몸판(안)

②봉합 ③가름솔
뒷몸판(겉)
④봉합 앞몸판(안)
⑤가름솔

⑦바이어스 처리(P.23 참고)
⑥뒤집기
앞몸판(겉)

2 스커트를 만든다

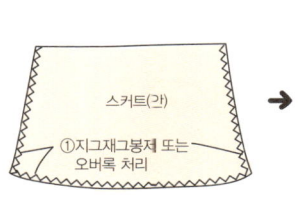

스커트(겉)
①지그재그봉제 또는
오버록 처리

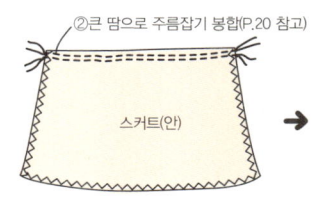

②큰 땀으로 주름잡기 봉합(P.20 참고)
스커트(안)

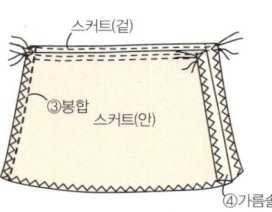

스커트(겉)
③봉합 스커트(안)
④가름솔

※다른 한 장도 같은 방법으로 만든다

3 몸판과 스커트를 연결한다

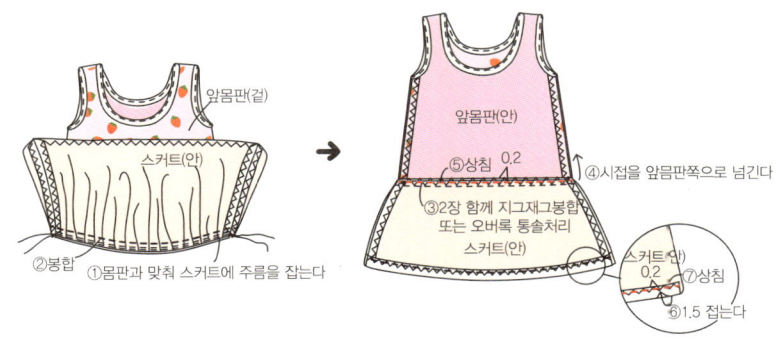

앞몸판(겉)
스커트(안)
②봉합
①몸판과 맞춰 스커트에 주름을 잡는다

앞몸판(안)
⑤상침 0.2
④시접을 앞몸판쪽으로 넘긴다
③2장 함께 지그재그봉합
또는 오버록 통솔처리
스커트(안)
스커트(안) 0.2 ⑦상침
⑤1.5 접는다

완성

레이스 태슬 에코백

P.54 / No.17 재단배치도를 참고하여 직접 재단합니다.

완 성 사 이 즈
35cm X 40cm(끈 제외)

재 료
몸판감 80cm X 47cm
태슬테이프 38cm
케미컬 레이스 180cm
웨이빙 끈 2.5cm폭 130cm

만 드 는 방 법
1 가방 몸판에 끈을 단다
2 몸판을 만든다

재 단 배 치 도
★몸판감

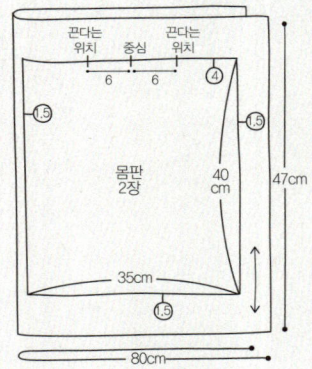

※○안의 숫자는 시접임입니다.
숫자가 없는 곳은 1cm의 시접으로 재단합니다

---

1 가방 몸판에 끈을 단다

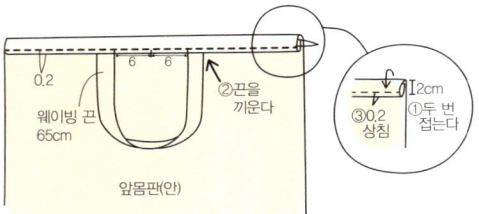

0.2
웨이빙 끈 65cm
앞몸판(안)
②끈을 끼운다
③0.2 상침
①두 번 접는다
2cm

↓

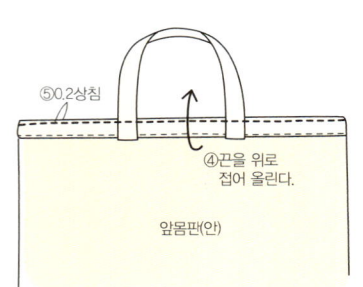

⑤0.2상침
④끈을 위로 접어 올린다.
앞몸판(안)

※뒷몸판도 같은 방법으로 만든다

2 몸판을 만든다

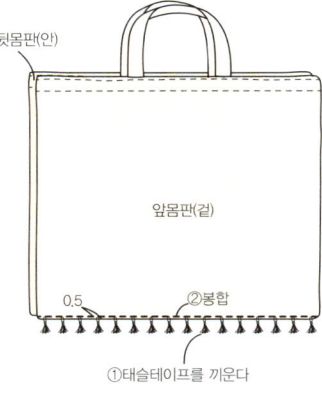

뒷몸판(안)
앞몸판(겉)
0.5
②봉합
①태슬테이프를 끼운다

→

뒷몸판(안)
④봉합
0.5
③임시고정
⑤시접정리
④봉합
0.5
⑤시접정리
앞몸판(겉)

↓

⑥뒤집기

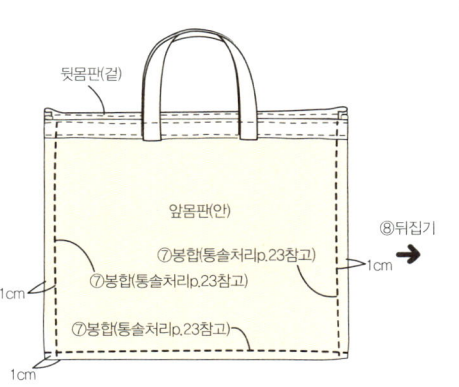

뒷몸판(겉)
앞몸판(안)
⑦봉합통솔처리p.23참고
⑦봉합통솔처리p.23참고
⑦봉합통솔처리p.23참고
1cm
1cm
1cm

→ ⑧뒤집기

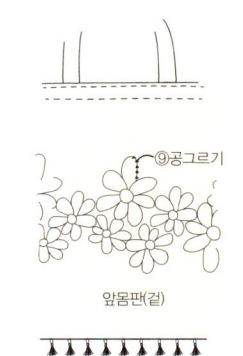

⑨공그르기
앞몸판(겉)

완 성

멜빵 블루머

P.56 / No.18 　실물크기 패턴 B면

완 성 사 이 즈
90 · 100 · 110 · 120

재 료
몸판감 136cm X 60cm
멜빵감 72cm X 8cm
1.5cm폭 고무줄 45/47/49/51cm
0.7cm폭 고무줄 10/10.5/11/11.5cm 2개
단추 1.2cm 4개
와펜 2장

만 드 는 방 법
1 몸판을 만든다
2 허릿단과 바지밑단을 정리한다
3 멜빵을 만들어 단다

재 단 배 치 도

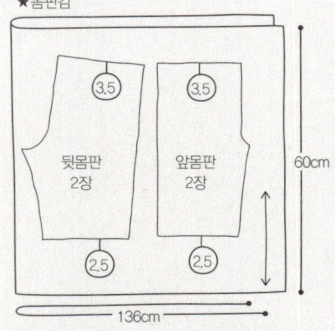

★몸판감

뒷몸판 2장　③.5
앞몸판 2장　③.5
②.5　②.5
60cm
136cm

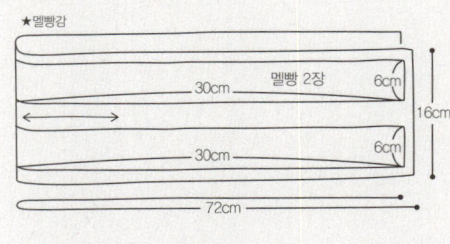

★멜빵감

멜빵 2장
30cm　6cm
30cm　6cm
16cm
72cm

※○안의 숫자는 시접양입니다.
숫자가 없는 곳은 1cm의 시접으로 재단합니다

1 몸판을 만든다

⑤반으로 접는다

뒤판(겉)　③봉합 1cm
앞판(안)
발목완성선
0.5 고무줄 통로 입구 0.5

앞판(겉)
⑥봉합

앞판(안)　뒤판(안)
④가름솔

②공그르기로 와펜을 단다

①지그재그봉제 또는 오버록 처리

뒤판(안)　⑦가름솔　앞판(안)
※반대쪽도 같은 방법으로 만든다

⑧두 장을 겉끼리 맞대어 겹친다.

오른쪽 앞(겉)
왼쪽 앞(안)

가름솔

고무줄 통로 입구 0.5 / 0.5
허리완성선

⑨봉합

2 허릿단과 바지밑단을 정리한다

0.2
Ⅰ2.5
0.2

허릿단
①접음
②상침
0.2cm
2.1cm
앞판(겉)

④1cm겹치고 봉합
1.5cm 폭
③고무줄을 통과시킨다
뒤판(안)

0.2
Ⅰ1.5

⑥상침
앞판(겉)
1.3cm
⑤접음
바지밑단

⑦고무줄을 통과시킨다
뒤판(안)
0.7cm 폭
⑧1cm겹치고 봉합
※반대쪽도 같은 방법으로 만든다

3 멜빵을 만들어 단다

②접기
1cm
2cm
2cm
1cm
①접기
멜빵(안)

②접기

0.2
③상침
2cm
멜빵(겉)

④단춧구멍을 뚫는다
2cm
3
※같은 방법으로 한 개 더 만든다

앞판(겉)
⑤바지의 앞, 뒤판 안쪽에 단추를 단다

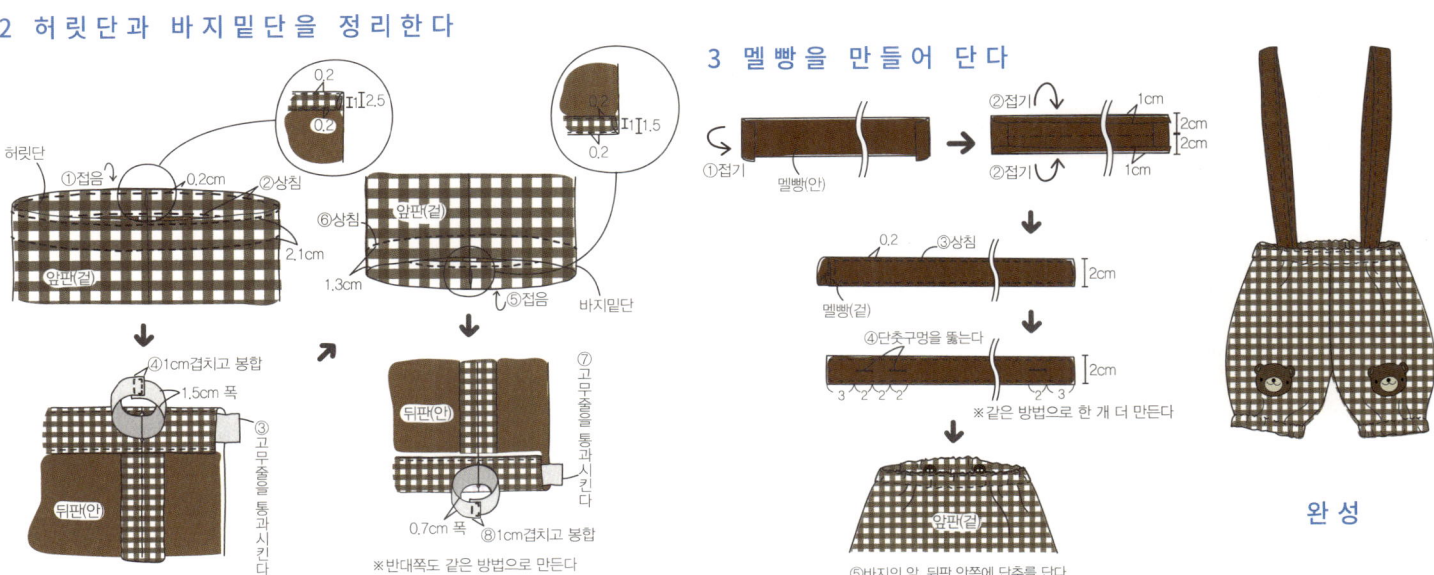

완 성

소잉 파우치

P.58 / No.19 실물크기 패턴 A면(몸판, 주머니B) / 나머지는 재단배치도를 참고하여 직접 재단합니다.

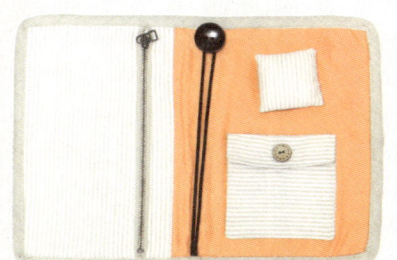

완성사이즈
30.5cm X 22cm

재료
몸판감 29.5cm X 21cm
안몸판감 29.5cm X 21cm
주머니A 30cm X 21cm
주머니B 11cm X 21cm
핀쿠션감 8cm X 8cm
1cm폭 바이어스테이프 110cm
18cm 지퍼
10mm 자석단추 1개
15mm 단추 1개
30mm 단추 2개
스트링 고무줄 43cm 1개, 13cm 1개

만드는 방법
1 주머니A를 만든다
2 주머니B를 만든다
3 핀 쿠션을 만든다
4 겉몸판과 안몸판을 연결한다

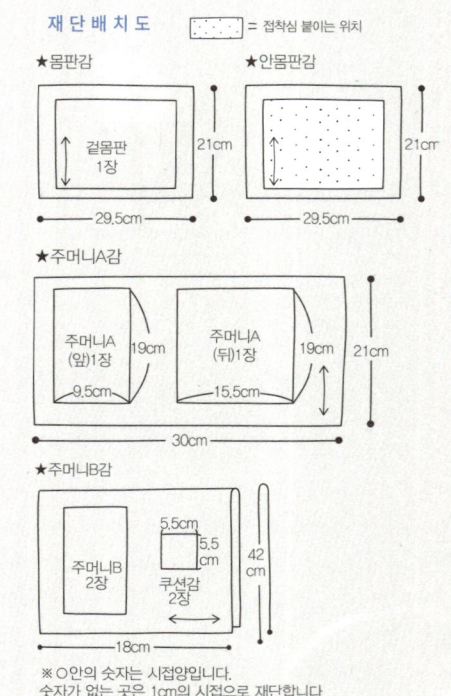

재단배치도 [∴∴] = 접착심 붙이는 위치

※○안의 숫자는 시접양입니다.
숫자가 없는 곳은 1cm의 시접으로 재단합니다

1 주머니A를 만든다

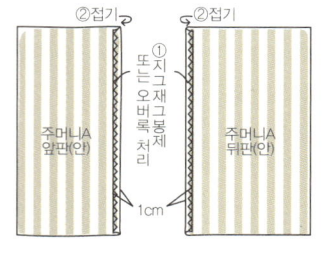

③지퍼와 주머니A를 겹치고 상침한다.

2 주머니B를 만든다

3 핀 쿠션을 만든다

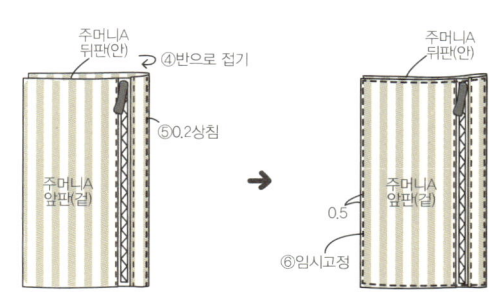

4 겉몸판과 안몸판을 연결한다

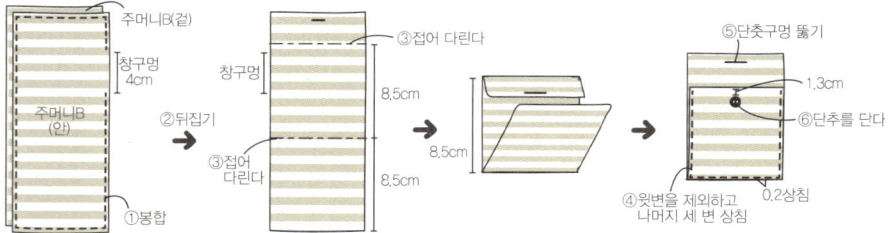

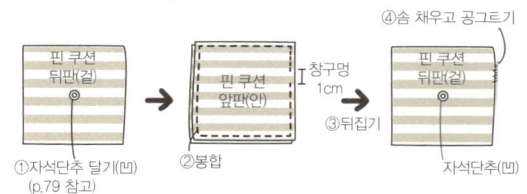

⑥겉몸판과 안몸판을 안끼리 맞대어 임시고정한다.

완성

고무줄 치마바지

P.60 / No.20   실물크기 패턴 B면

완성사이즈
S · M · L · XL

재료
몸판감 155cm X 110cm
2.5cm폭 고무줄 21/23/25/27cm

만드는 방법
1 치마를 만든다
2 바지를 만든다
3 치마와 바지를 연결한다

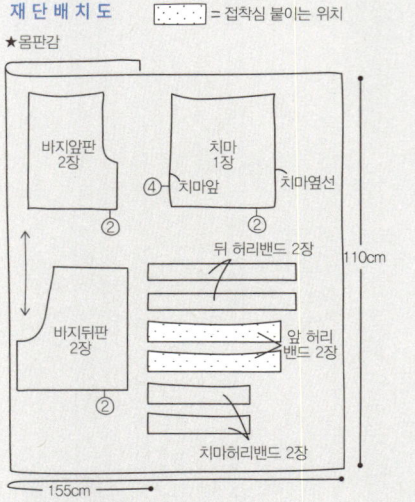

재단배치도   ▨ = 접착심 붙이는 위치
★몸판감

바지앞판 2장 ④ 치마 1장 치마앞 치마옆선 110cm
바지뒤판 2장 뒤 허리밴드 2장 앞 허리 밴드 2장 치마허리밴드 2장
155cm

※ ○안의 숫자는 시접양입니다.
숫자가 없는 곳은 1cm의 시접으로 재단합니다

1 치마를 만든다

2 바지를 만든다

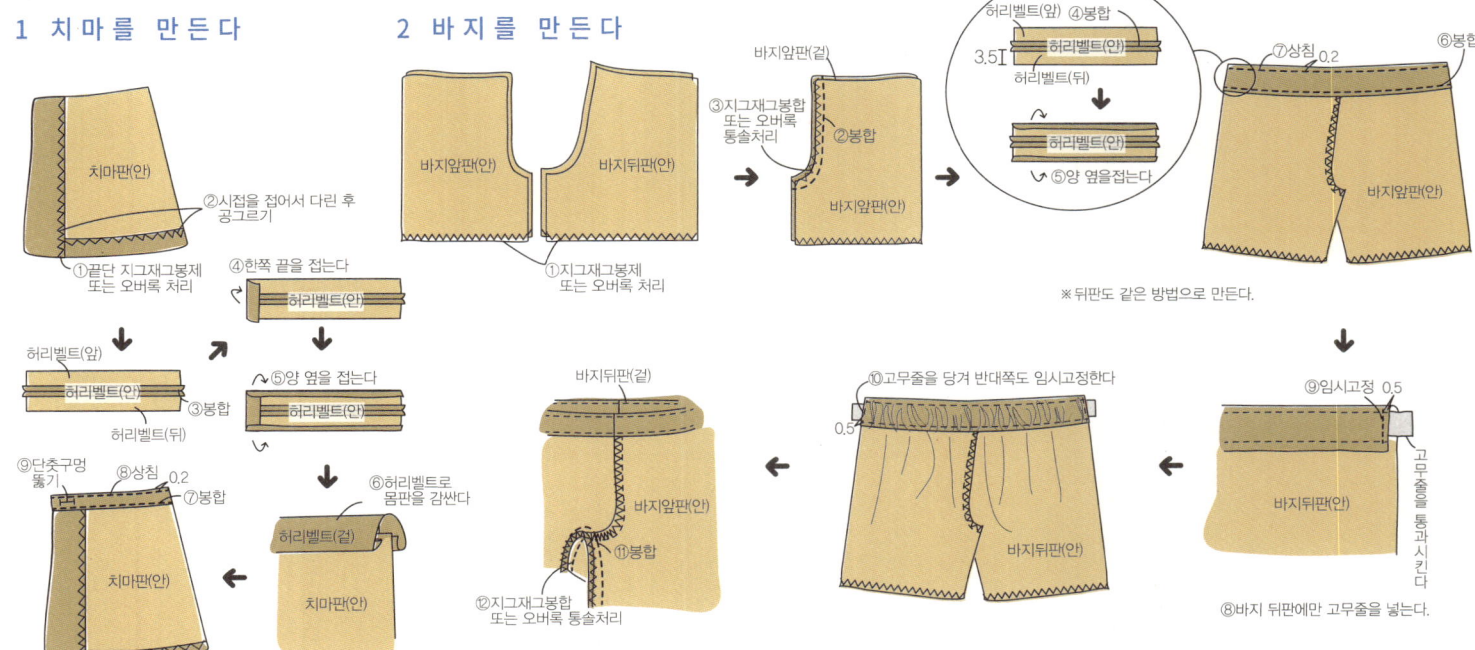

3 치마와 바지를 연결한다

완성

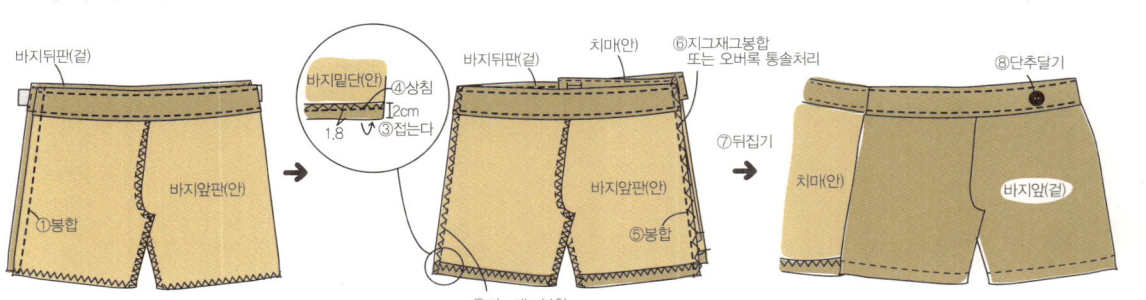

여행용 파우치

P.62 / No.21   재단배치도를 참고하여 직접 재단합니다.

완 성 사 이 즈
27cm X 27cm

재 료
겉몸판감 115cm X 45cm
안몸판감 115cm X 45cm
웨이빙 끈 25cm
지퍼 90cm

만 드 는 방 법
1 몸판을 만든다
2 지퍼를 단다

재 단 배 치 도
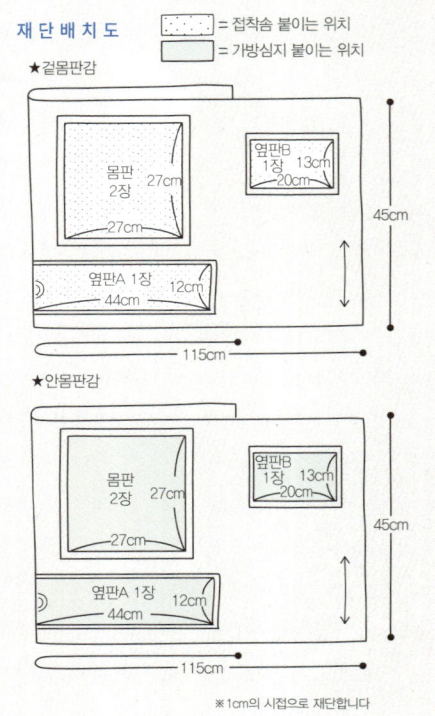
= 접착솜 붙이는 위치
= 가방심지 붙이는 위치

★겉몸판감

옆판B 1장 13cm 20cm
몸판 2장 27cm 27cm
옆판A 1장 12cm 44cm
45cm
115cm

★안몸판감

옆판B 1장 13cm 20cm
몸판 2장 27cm 27cm
옆판A 1장 12cm 44cm
45cm
115cm

※1cm의 시접으로 재단합니다

1 몸판을 만든다

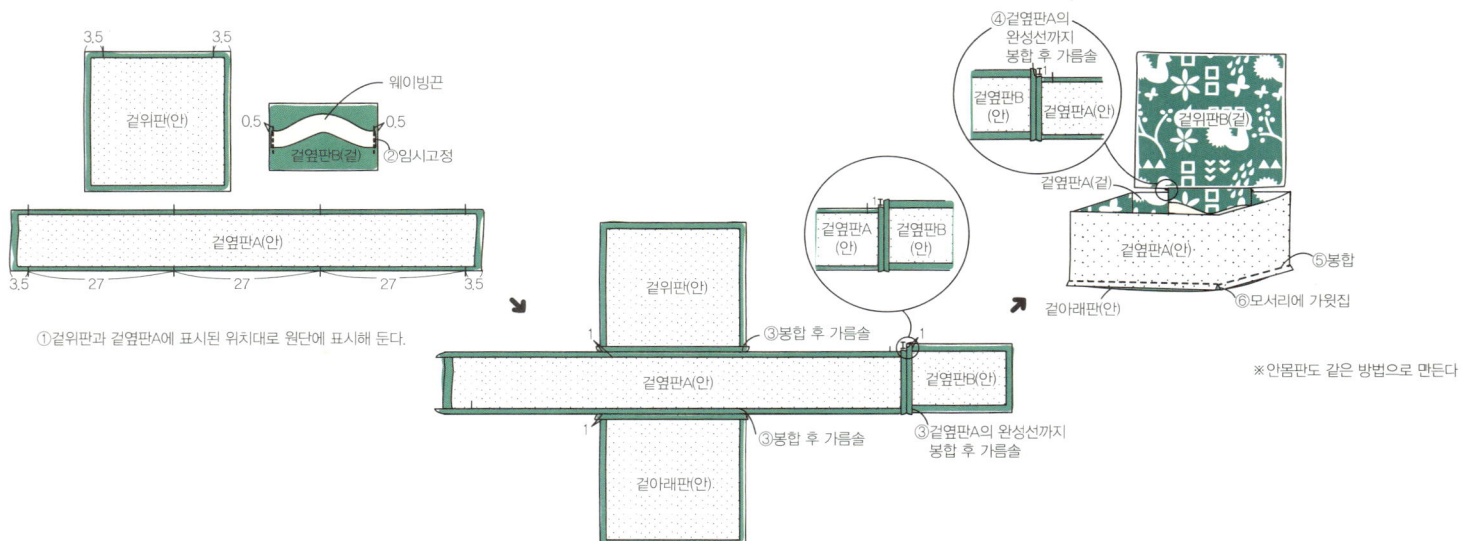

3.5   3.5
겉위판(안)
웨이빙끈
0.5   0.5
겉옆판B(겉)   ②임시고정
겉옆판A(안)
3.5   27   27   27   3.5
①겉위판과 겉옆판A에 표시된 위치대로 원단에 표시해 둔다.

겉위판(안)
겉옆판A(안)   겉옆판B(안)
③봉합 후 가름솔   ③봉합 후 가름솔
겉옆판A(안)   겉옆판B(안)
겉아래판(안)
③봉합 후 가름솔   ③겉옆판A의 완성선까지 봉합 후 가름솔

④겉옆판A의 완성선까지 봉합 후 가름솔
겉옆판B(안)   겉옆판A(안)
겉위판B(겉)
겉옆판A(겉)
겉옆판A(안)
⑤봉합
겉아래판(안)   ⑥모서리에 가윗집

※안몸판도 같은 방법으로 만든다

2 지퍼를 단다

겉옆판B(겉)
겉옆판A(겉)
겉옆판A(안)
①겉몸판의 시접을 안쪽으로 접어 다린다.
※안몸판도 같은 방법으로 접어 다린다

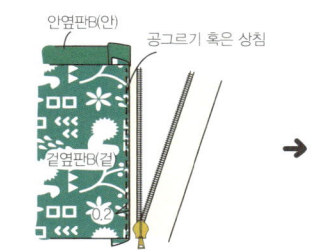
안옆판B(안)   공그르기 혹은 상침
겉옆판B(겉)   0.2
②시접을 접어 안옆판과 겉옆판을 안끼리 맞닿게 하여 사이에 지퍼를 끼우고 공그르기 혹은 상침한다.

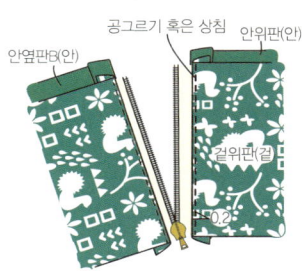
안옆판B(안)   공그르기 혹은 상침   안위판(안)
겉위판(겉)   0.2
③시접을 접어 안위판과 겉위판을 안끼리 맞닿게 하여 사이에 지퍼를 끼우고 공그르기 혹은 상침한다.

완 성

아 이 낮 잠 세 트

P.64 / No.22,23   재단배치도를 참고하여 직접 재단합니다.

완 성 사 이 즈

요매트 70cm X 150cm
이불 90cm X 90cm
베개 50cm X 30cm

재 료

요매트 70cm X 150cm 1장
이불감 90cm X 90cm 2장
베개감 50cm X 30cm 2장
18cm 지퍼 1개
1.5cm 바이어스테이프 450cm
베개 솜 1개

만 드 는 방 법

1 요매트를 만든다
2 이불을 만든다
3 베개를 만든다

재 단 배 치 도

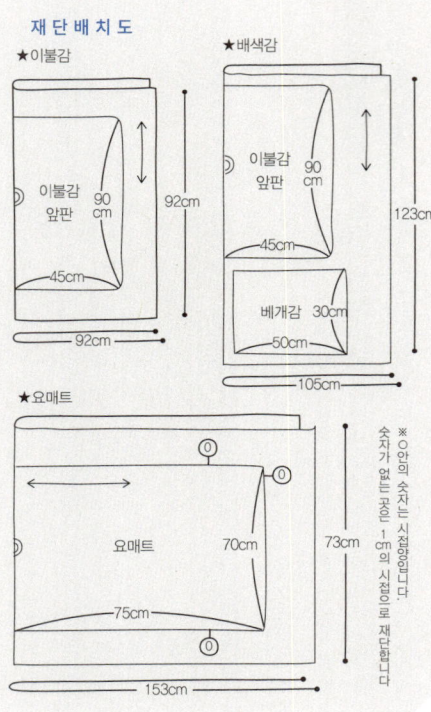

★이불감

이불감
앞판   90
cm   92cm

45cm

92cm

★배색감

이불감
앞판   90cm

45cm   123cm

베개감   30cm

50cm

105cm

★요매트

요매트   70cm   73cm

75cm

153cm

※○안의 숫자는 시접입니다.
숫자가 없는 곳은 1cm의 시접으로 재단합니다

1 요매트를 만든다

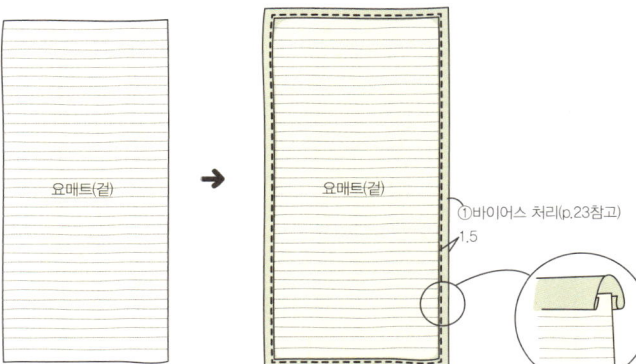

요매트(겉)

요매트(겉)

①바이어스 처리(p.23참고)
1.5

2 이불을 만든다

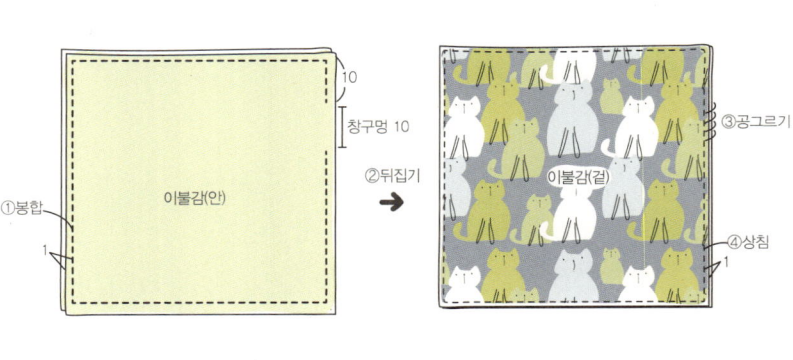

이불감(안)

①봉합

10
창구멍 10

1

②뒤집기

이불감(겉)

③공그르기

④상침
1

3 베개를 만든다

베개감(겉)

①봉합
6

베개감(안)

지퍼 다는
위치

6
1

②가름솔로
접어 다리기

베개감(겉)

베개감(안)

③지그재그봉제
또는 오버록 처리

베개감(안)

지퍼(안)

베개감(안)

1

④지퍼를 봉합해 단다

1

베개감(안)

6

지퍼

6

⑤나머지 세 변을 둘러 봉합한다

⑥뒤집기

베개솜

베개(겉)

→

⑦베개솜을 끼워 넣는다

완 성

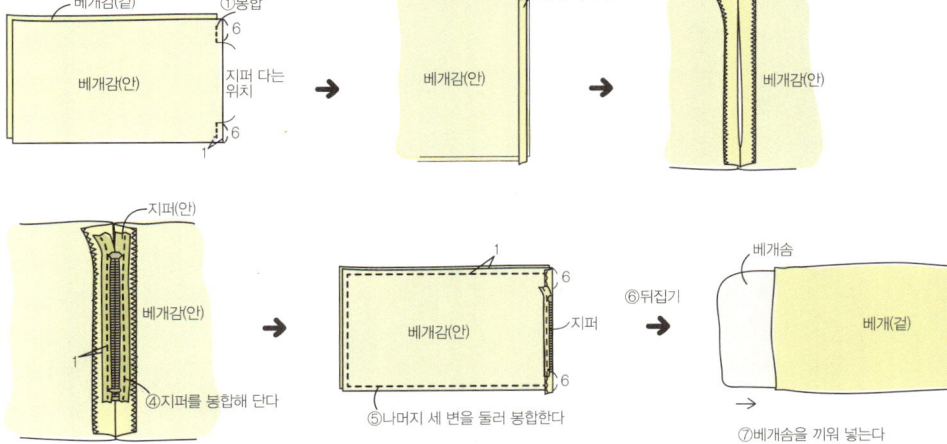

커플 앞치마

P.68 / No.24,25 실물크기 패턴 B면

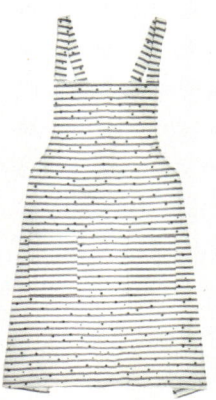

완성사이즈
no.24 남성 앞치마 : 70cm×80cm
no.25 여성 앞치마 : 68cm×75cm

재료
앞치마감 100cm×90cm
허리끈감 60cm×15cm
어깨끈감 70cm×20cm

만드는 방법
1 주머니를 만든다
2 끈을 만든다
3 앞치마 시접을 정리하고 주머니와 끈을 단다

재단배치도
⬚⬚⬚ = 접착심 붙이는 위치

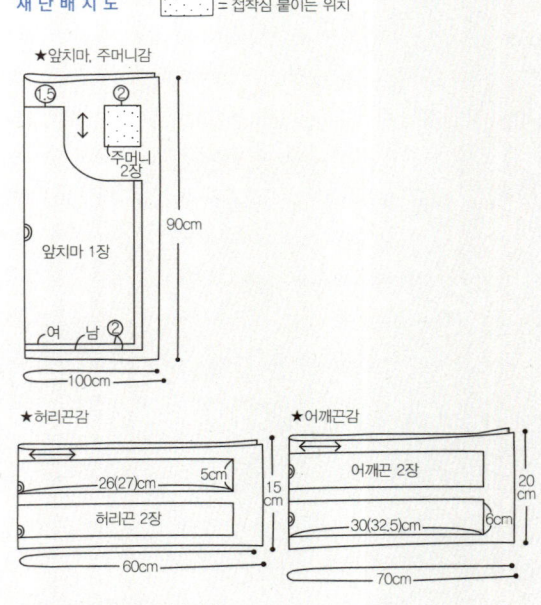

★앞치마, 주머니감

주머니 2장

앞치마 1장

90cm

1.5

여   남

100cm

★허리끈감

허리끈 2장

26(27)cm   5cm
15cm
60cm

★어깨끈감

어깨끈 2장

30(32.5)cm   6cm
20cm
70cm

※ ○안의 숫자는 시접양입니다.
　숫자가 없는 곳은 1cm의 시접으로 재단합니다
　( )안의 숫자는 남성용 앞치마 사이즈입니다
　허리끈과 어깨끈은 재단배치도를 참고하여 직접 재단합니다

1 주머니를 만든다

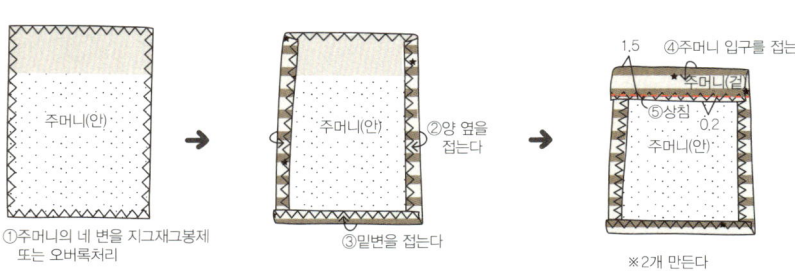

①주머니의 네 변을 지그재그봉제
또는 오버록처리

②양 옆을
접는다

③밑변을 접는다

④주머니 입구를 접는다

1.5
⑤상침
0.2
주머니(겉)
주머니(안)

※2개 만든다

2 끈을 만든다

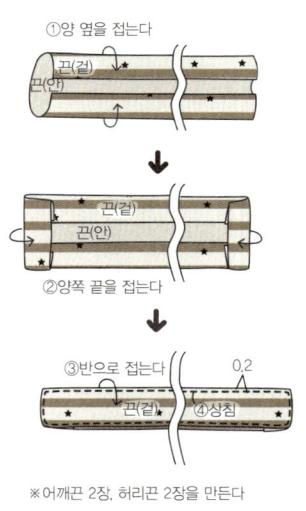

①양 옆을 접는다

끈(겉)
끈(안)

②양쪽 끝을 접는다

끈(겉)
끈(안)

③반으로 접는다   0.2
끈(겉)   ④상침

※어깨끈 2장, 허리끈 2장을 만든다

3 앞치마 시접을 정리하고, 주머니와 끈을 단다

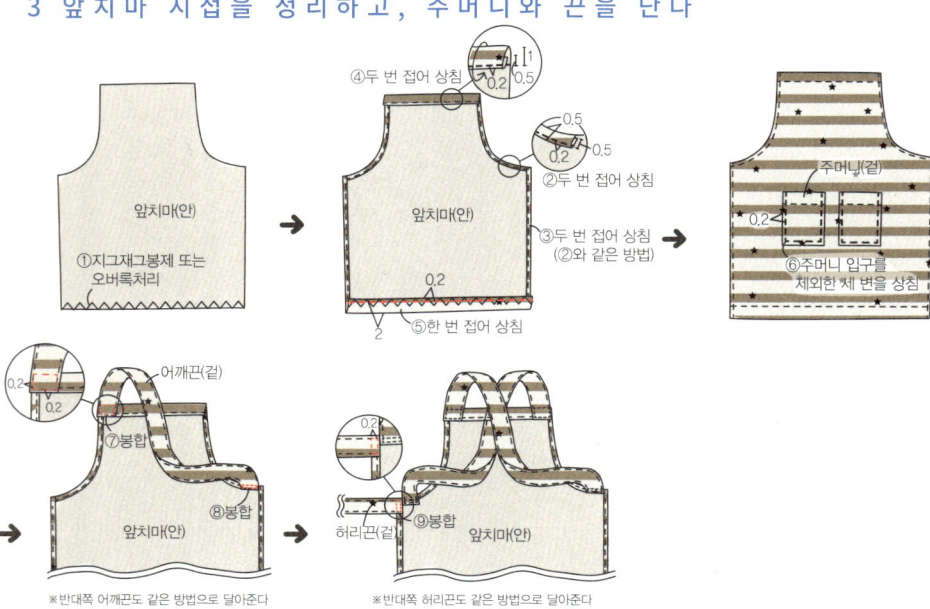

앞치마(안)

①지그재그봉제 또는
오버록처리

④두 번 접어 상침
1   0.2   0.5

②두 번 접어 상침
0.5   0.2   0.5

앞치마(안)

③두 번 접어 상침
(②와 같은 방법)

⑤한 번 접어 상침
0.2   2

⑥주머니 입구를
제외한 체 변을 상침
주머니(겉)
0.2

0.2   0.2   어깨끈(겉)
⑦봉합
앞치마(안)

0.2
⑧봉합
허리끈(겉)   ⑨봉합
앞치마(안)

※반대쪽 어깨끈도 같은 방법으로 달아준다

※반대쪽 허리끈도 같은 방법으로 달아준다

완성

패밀리룩-남성

P.70 / No.26 실물크기 패턴 A면

완 성 사 이 즈
S · M · L · XL

재 료
겉감 110cm폭×160cm
1.5cm폭 고무줄 76 / 78 / 80 / 82cm

만 드 는 방 법
1 주머니를 만든다
2 바지를 만든다
3 두 장의 바지를 연결한다
4 허릿단을 만든다
5 고무줄을 통과시킨다
6 밑단을 마무리한다

재 단 배 치 도

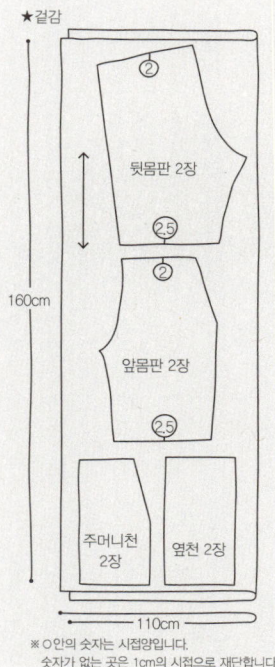

★겉감

뒷몸판 2장
앞몸판 2장
주머니천 2장
옆천 2장
160cm
110cm

※○안의 숫자는 시접양입니다.
숫자가 없는 곳은 1cm의 시접으로 재단합니다

1 주머니를 만든다

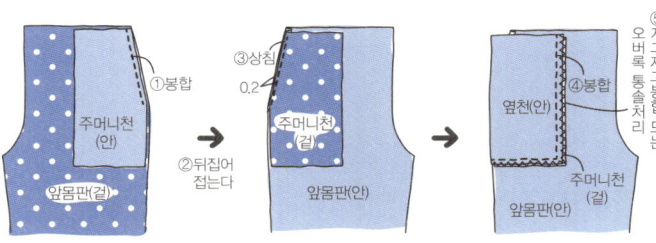

2 바지를 만든다

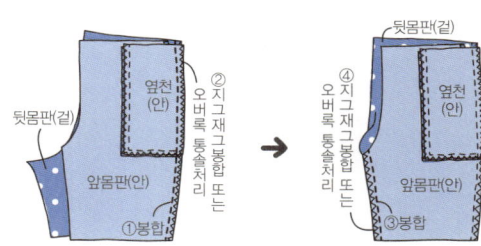

※같은 방법으로 반대쪽 바지도 만든다

3 두 장의 바지를 연결한다

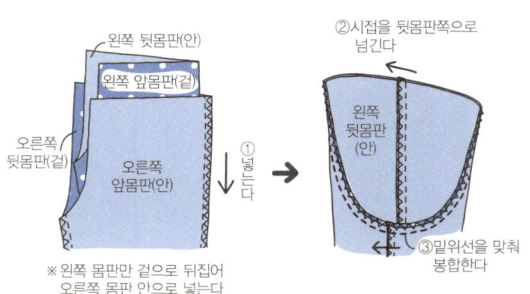

4 허릿단을 만든다

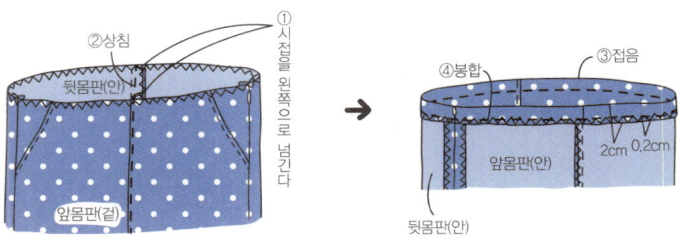

6 밑단을 마무리한다

5 고무줄을 통과시킨다

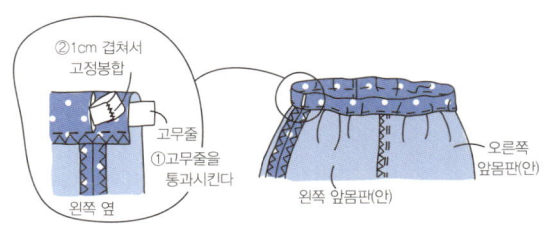

완 성

패밀리룩 - 남아

P.70 / No.27　실물크기 패턴 A면

완성 사이즈
90 · 100 · 110 · 120

재료
겉감 110cm폭×95cm
1.5cm폭 고무줄 45 / 47 / 49 / 51cm

만드는 방법
1 주머니를 만든다
2 옆선을 봉합한다
3 밑아래선을 봉합하고, 밑단을 봉합한다
4 밑위선을 봉합한다
5 허릿단을 만든다
6 고무줄을 통과시킨다

재단 배치도
★겉감　　※○안의 숫자는 시접양입니다.
　　　　　　숫자가 없는 곳은 1cm의 시접으로 재단합니다

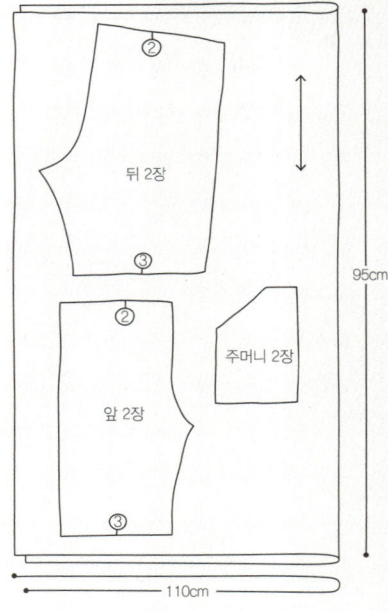

---

1 주머니를 만든다

☆옆선 · 아래선 · 허리선 · 주머니둘레의
　원단 끝에 지그재그봉제 또는 오버록 처리를 한다

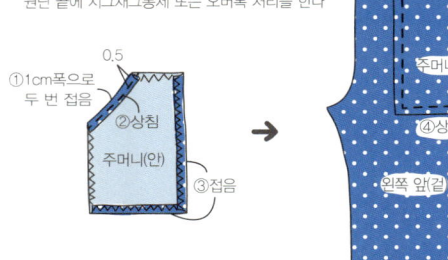
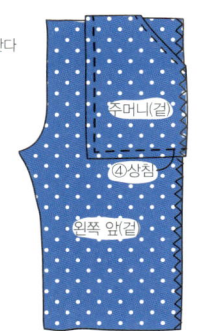

2 옆선을 봉합한다

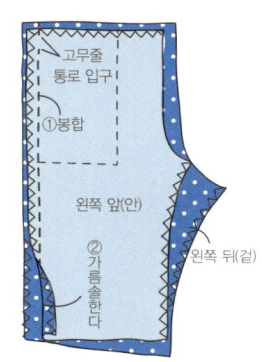

3 밑아래선을 봉합하고, 밑단을 봉합한다

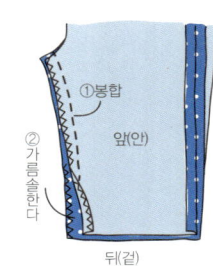
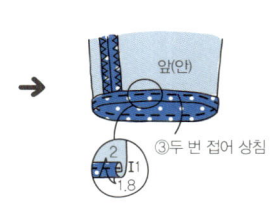

※1～3의 과정을 반복하여
오른쪽 바지도 같은 방법으로 만든다

---

4 밑위선을 봉합한다

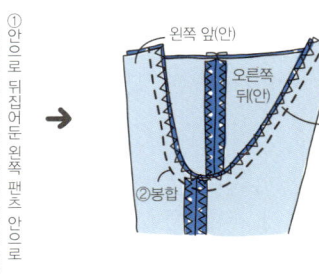

5 허릿단을 만든다

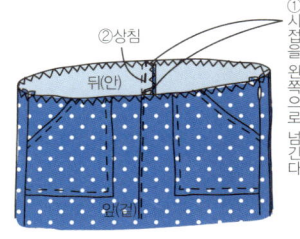
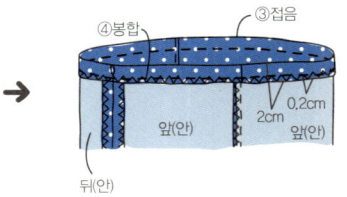

6 고무줄을 통과시킨다

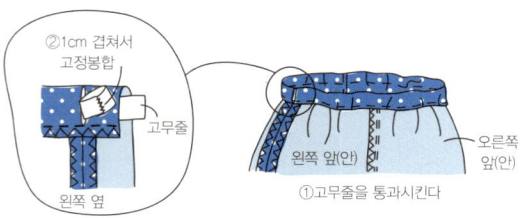

완 성

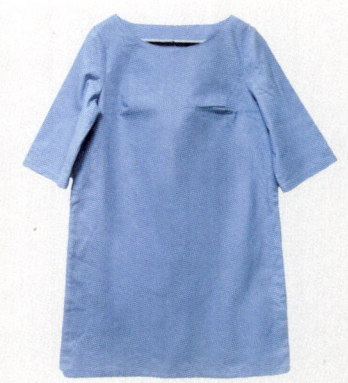

완성사이즈
S · M · L · XL

재료
겉감 110cm폭×200cm
접착심 30cm×40cm

만드는 방법
1 다트를 봉합하고, 어깨를 연결한다
2 안단을 만든다
3 목둘레와 옆선을 봉합한다
4 소매를 만든다
5 소매를 단다
6 밑단을 마무리한다

재단배치도   □···□ = 접착심 붙이는 위치
★겉감

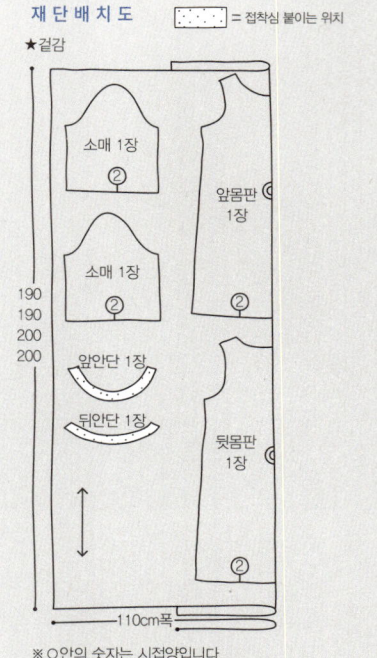

소매 1장 ②
소매 1장 ②
앞안단 1장
뒤안단 1장
앞몸판 1장 ②
뒷몸판 1장 ②
190
190
200
200
110cm폭

※○안의 숫자는 시접양입니다.
  숫자가 없는 곳은 1cm의 시접으로 재단합니다

1 다트를 봉합하고, 어깨를 연결한다

2 안단을 만든다

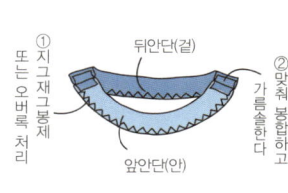

3 목둘레와 옆선을 봉합한다

4 소매를 만든다

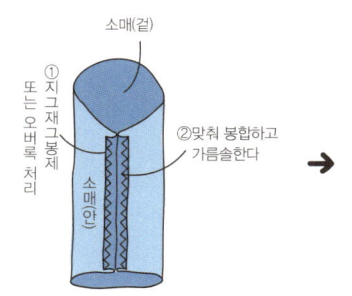

5 소매를 단다

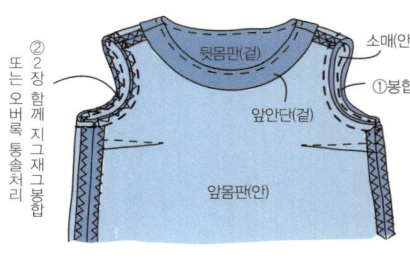

※좌·우 소매가 바뀌지
않도록 주의합니다

6 밑단을 마무리한다

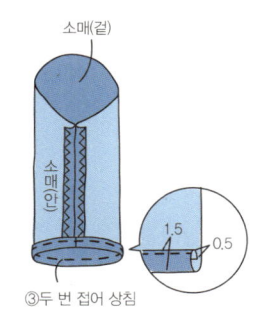

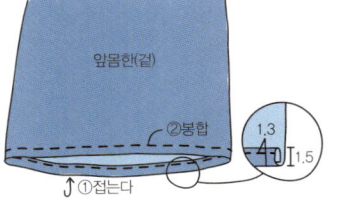

완성

패밀리룩 - 여아

P.70 / No.29　실물크기 패턴 A면

완성사이즈
90 · 100 · 110 · 120

재료
겉감 110cm폭×70cm
접착심 110cm폭×30cm
1cm폭 장식테이프 115 / 120 / 125 / 130cm
1.8cm폭 단추 2개

만드는 방법
1 어깨끈을 만들어 단다
2 안단을 단다
3 옆선을 봉합하고 안단을 마무리한다
4 밑단을 봉합한다
5 단추를 단다

재단 배치도　▱ = 접착심 붙이는 위치

★ 겉감

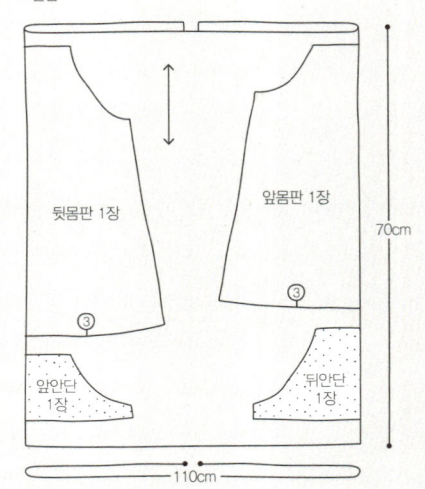

뒷몸판 1장　앞몸판 1장　70cm
앞안단 1장　뒤안단 1장
110cm

※ ○안의 숫자는 시접양입니다.
숫자가 없는 곳은 1cm의 시접으로 재단합니다

---

1 어깨끈을 만들어 단다

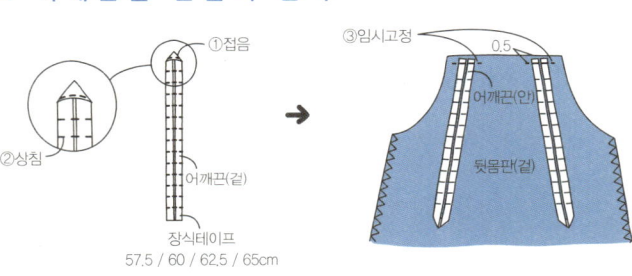

①접음
②상침
어깨끈(겉)
장식테이프
57.5 / 60 / 62.5 / 65cm

③임시고정　0.5
어깨끈(안)
뒷몸판(겉)

※같은 방법으로 하나 더 만든다

2 안단을 단다

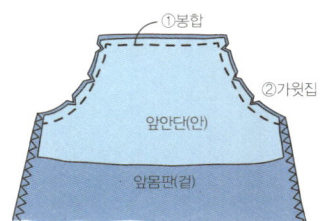

①봉합
②가윗집
앞안단(안)
앞몸판(겉)

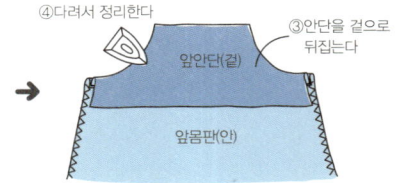

④다려서 정리한다
③안단을 겉으로 뒤집는다
앞안단(겉)
앞몸판(안)

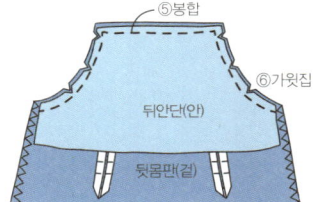

⑤봉합
⑥가윗집
뒤안단(안)
뒷몸판(겉)

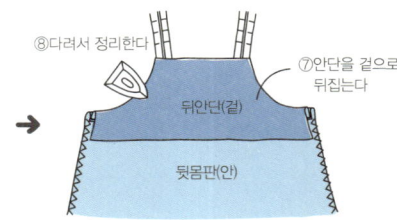

⑧다려서 정리한다
⑦안단을 겉으로 뒤집는다
뒤안단(겉)
뒷몸판(안)

3 옆선을 봉합하고 안단을 마무리한다

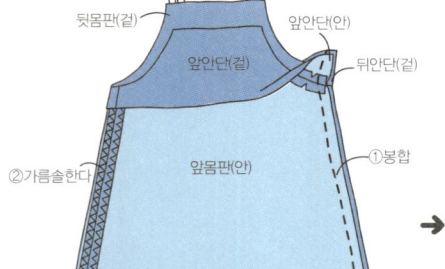

뒷몸판(겉)　앞안단(안)
앞안단(겉)　뒤안단(겉)
②가름솔한다
앞몸판(안)
①봉합

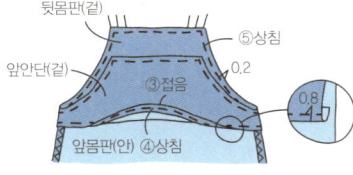

뒷몸판(겉)
앞안단(겉)　⑤상침　0.2
③접음　0.8
앞몸판(안)　④상침

4 밑단을 봉합한다

앞몸판(겉)
뒷몸판(안)
1.3　1.5
①두 번 접어 상침

5 단추를 단다

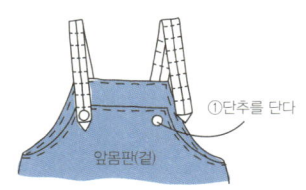

①단추를 단다
앞몸판(겉)

완성

SEWING HARUE 11

진짜 쉬운
머신소잉의 기초

1판 1쇄 발행 2014년 10월 03일
1판 2쇄 발행 2016년 06월 27일

발 행 인	신현호 정용효
기 획 / 제 작	정미정 오하나 배지영
편 집 디 자 인	이성모
일 러 스 트	정미정 오하나 배지영
패턴 그레이딩	소잉연구소
패 턴 편 집	오하나
작 품 제 작	KMSA협회 김경희, 김은주, 백인숙, 임정하 작가
	소잉스토리
사 진	문찬위
모 델	편영도(174cm/63kg)
	오누리(160cm/45kg)
등 록 번 호	제 2013-000010호
등 록 일 자	2013년 8월 6일
발 행 처	주)코하스아이디 소잉스토리
	광주광역시 북구 무등로 120 해은빌딩 7층
대 표 전 화	062-513-8957
팩 스	062-515-8958
문 의 전 화	070-8893-9218
홈 페 이 지	www.sewingstory.com

ISBN 979-11-950950-9-4 13590
정가 12,000원

이 도서의 국립중앙도서관 출판시도서목록(CIP)은 서지정보유통지원시스템 홈페이지 (http://seoji.nl.go.kr)와 국가자료공동목록시스템(http://www.nl.go.kr/kolisnet)에서 이용하실 수 있습니다. (CIP제어번호 : CIP2014016273)

소잉스토리는
소잉D.I.Y 취미실용서와 잡지를 출간합니다.

의상소잉DIY 전문쇼핑몰
패션스타트

1 소잉생활이 더욱 즐거워지는 곳!

국내상품, 수입상품, 개발상품 등 내가 원하는 종류의
원단, 부자재, 패턴, 서적, 미싱 상품들이 가득!

2 쇼핑의 즐거움이 가득한 곳!

다양한 무료혜택과 수준높은 서비스,
알뜰 이벤트가 365일 진행되는 쇼핑몰!

3 만족, 행복, 신뢰, 가치, 즐거움!

대한민국을 대표하는 패션DIY
전문 쇼핑몰 패션스타트의 약속입니다.

  Fashion Start

의상전문 교육과정과 미싱교육, 소잉상품으로 전문화된 '패션스타트NCC' 전국 대리점에서도 만나보실 수 있습니다.

검색창에  패션스타트 ▼ 을 쳐보세요. www.fashionstart.net 고객센터 1644-8957

베이비/ 아동/ 성인 **의상 소잉 DIY 전문멀티샵**

"패션스타트NCC 대리점"

세심하고 체계적인 단계별 교육과정을 통하여 의상소잉에 대한 자신감과 소잉실력,
더 나아가 내가 원하는 의상작품을 스스로 제작하며 소잉의 진정한 즐거움과 가치를 전하는 패션스타트NCC 대리점입니다.

★ 패션스타트 NCC대리점 확장이전 오픈 ★

광주 첨단점

★ 패션스타트 NCC대리점 신규 오픈 ★

김해 장유점

- 의상 소잉 DIY 전문 멀티숍 패션스타트NCC 전국 대리점 -

지역	점포	전화번호	지역	점포	전화번호
서울지역	서울 둔촌점	02-488-7080	전라지역	광주 첨단점	062-973-6314
경인지역	김포 장기점	031-990-2369		광주 동천점	062-385-6055
	평택 안중점	031-684-3489			
	인천 청라점	032-563-3027		광주 금호점	062-651-3557
경상지역	구미 봉곡점	054-442-4001			
	김해 장유점	070-8835-1019		전주 효자점	063-223-3609
	경주 황성점	054-776-5008			

패션스타트NCC 대리점에 관한 개설문의는 패션스타트(www.fashoinstart.net) 또는
NCC미싱(www.nccmising.com) 사이트를 통하여 하실 수 있습니다.

Come 🏠 Home

미싱 그 이상의 NCC미싱

프리미엄 소잉 & 자수 겸용 미싱
CC-1871 "올리비아"

자수기능의 감성표현

생각을 표현하는 방식은 여러가지가 있습니다.
한 폭의 그림을 원단 위에 스케치하는 "올리비아"
상상만 하세요 현실이 됩니다.

소잉 기능의 혁신

더욱 향상된 속도와 힘, 작업 효율성, 그리고 정숙함을
겸비한 앞선 기능으로 무장한 소잉모드를 활용하여
상상을 구현하는 모든 과정에 "올리비아" 가 함께합니다.

| 800 SPM 자수속도 | 쉽고 간편한 자수모드 변경 | 175가지 내장 자수디자인 | 다양한 편집기능 | 1000 SPM 재봉속도 | 200가지 다양한스티치 문자패턴 | 9mm WIDE 땀 폭 | 소음방지 패드 |

New Premium Sewing Machine
뉴 프리미엄 스타일 미싱

검색창에 [NCC미싱 ▼] 을 쳐보세요.

문의전화 1644-5662
홈페이지 www.nccmising.com

패션 DIY 패턴 전문 브랜드

패턴인은 의상을 전공한 디자이너들이 디자인부터 완성까지 모든 과정을 직접 제작합니다.
의상 전문 캐드로 그레이딩하고, 전 제작과정을 제작설명서로 만들어 누구나 쉽게 혼자서 DIY를 할 수 있도록 만들어 주는 패턴 전문 브랜드입니다.
아동복, 여성복, 남성복, 소품 등 다양하고 예쁜 디자인의 패턴을 판매합니다.

패턴인 패턴의 특별한 5가지!

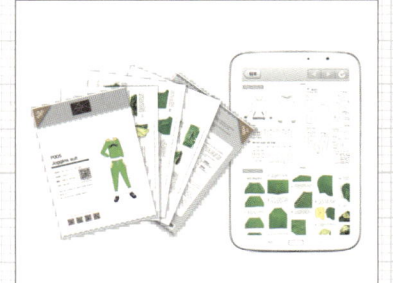

1. 상세한 사진 제작 설명서 & 모바일 웹제작 설명서

2. 아이들과 함께 할수 있는 추억의 인형놀이

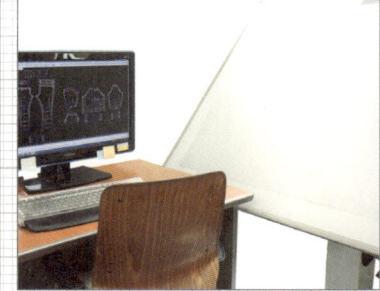

3. 의상 전문 캐드를 사용한 패턴 제작과 그레이딩

4. 겹치지 않는 패턴 & 사이즈별 칼라선

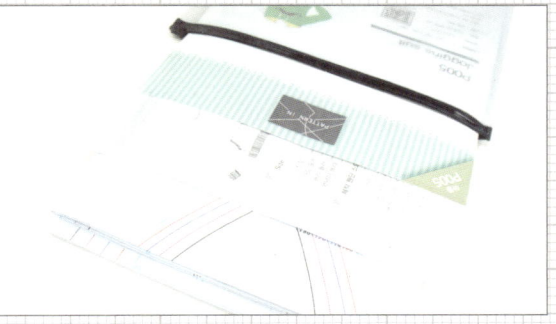

5. PATTERN iN 패턴은 실물 패턴과 사진 제작 설명서가 패턴인 전용 지퍼팩 케이스에 담겨 고객님께 배송됩니다.

TIP

QR코드를 찍어보세요!!

PATTERN IN은 DIY를 사랑하는 모든 분들이 쉽게 배우고 사용할 수 있도록 초보자의 눈으로 개발합니다.